普通高等教育规划教材

工程图学基础习题集

第 2 版

管殿柱　黄　薇　主　编

机 械 工 业 出 版 社

本习题集与管殿柱、张轩主编的《工程图学基础》第 2 版教材配套使用，习题集的编排顺序与教材相同。其主要内容包括工程图学的基础知识、几何元素（点、线、面）的投影、投影变换、立体的投影、立体的截交、相贯线、制图基本知识、组合体的视图、轴测图、机械零件的表达方法、标准件与常用件、机械图样中的技术要求、以及零件图和装配图等相应的练习。

本书可作为高等学校各专业“工程图学”课程的教材和参考资料，也可供有关工程技术人员学习参考。

与本书配套的教材还有管殿柱主编的《计算机绘图（AutoCAD 2014 版）》，该教材 2016 年由机械工业出版社出版。

图书在版编目（CIP）数据

工程图学基础习题集/管殿柱，黄薇主编．—2 版．—北京：机械工业出版社，2016.1（2025.8 重印）
普通高等教育规划教材
ISBN 978-7-111-52764-0

Ⅰ.①工…　Ⅱ.①管…　②黄…　Ⅲ.①工程制图-高等学校-习题集　Ⅳ.①TB23-44

中国版本图书馆 CIP 数据核字（2016）第 017884 号

机械工业出版社（北京市百万庄大街 22 号　邮政编码 100037）
策划编辑：商红云　责任编辑：商红云　张丹丹　刘小慧
责任校对：张晓蓉　封面设计：张　静　责任印制：李　昂
涿州市京南印刷厂印刷
2025 年 8 月第 2 版第 11 次印刷
260mm×184mm · 8.5 印张 · 206 千字
标准书号：ISBN 978-7-111-52764-0
定价：25.00 元

电话服务　　　　　　　　　　网络服务
客服电话：010-88361066　　机　工　官　网：www.cmpbook.com
　　　　　010-88379833　　机　工　官　博：weibo.com/cmp1952
　　　　　010-68326294　　金　书　网：www.golden-book.com
封底无防伪标均为盗版　　机工教育服务网：www.cmpedu.com

前　言

本习题集是根据教育部高等学校工程图学教学指导委员会 2010 年制定的《高等学校工程图学课程教学基本要求》和最新颁布的《技术制图》和《机械制图》国家标准而编写的。本习题集与管殿柱、张轩主编的《工程图学基础》第 2 版教材配套使用，其编排顺序与教材相同。本习题集题量较多，在使用过程中教师可视具体情况做适当选择。本习题集采用了当前最新的国家标准，也是编者在多年的教学实践基础上，参考了众多的画法几何及机械制图习题集编写而成的，力求能更适应当前教学的需要。

本习题集由管殿柱、黄薇任主编，参与编写的人员还有张轩、何西阳、贺斌、张骞、符朝兴、林风云、李文秋、牛雪倩、胡玉景、魏代善等。

由于编者水平有限，书中不足及错误之处在所难免，恳请广大读者批评指正。

编　者

目　录

第1章 绪 论

班级 姓名

无习题。

第 2 章　工程图学的基础知识

班级　　　　姓名

把左图照抄在右边空白处。

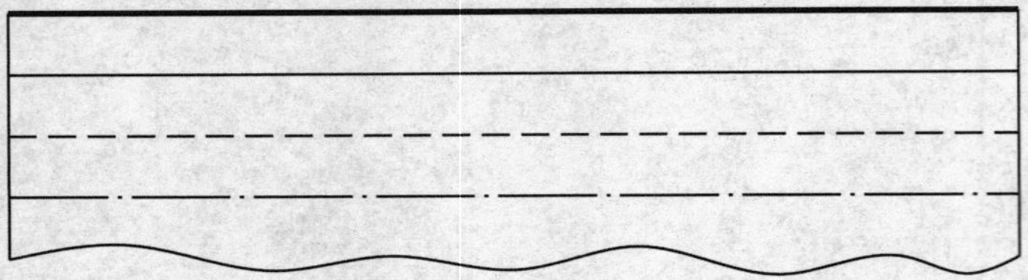

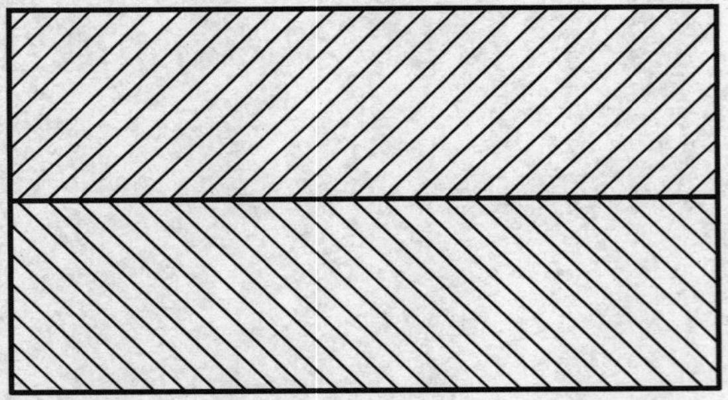

第3章 几何元素（点、线、面）的投影

3-1 点的投影

班级　　　　姓名

1. 已知空间点 A、B、C，试作出它们的三面投影图。

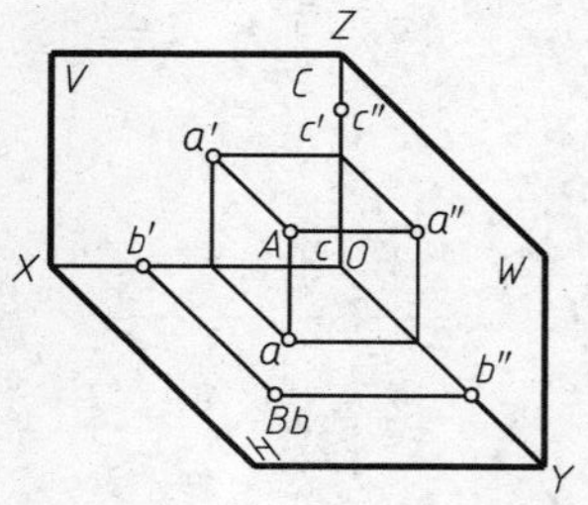

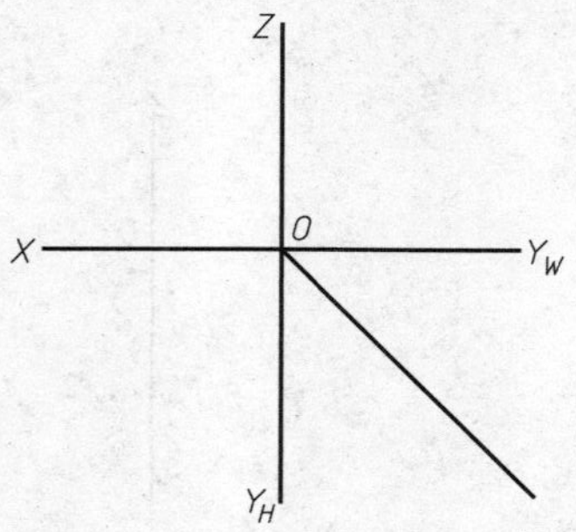

2. 已知点 D、E、F 的三面投影图，试作出三面体系中空间各点。

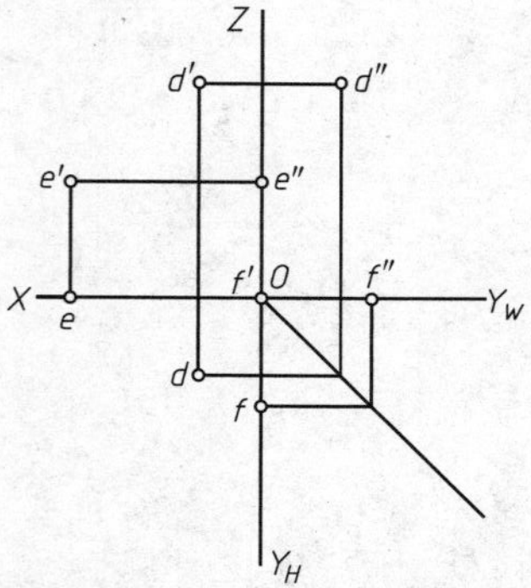

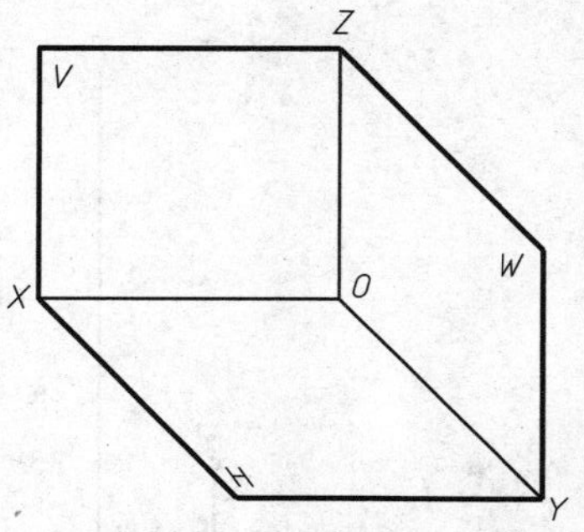

3. 作出 A（18，12，0）、B（0，18，25）、C（22，0，0）三点的投影。

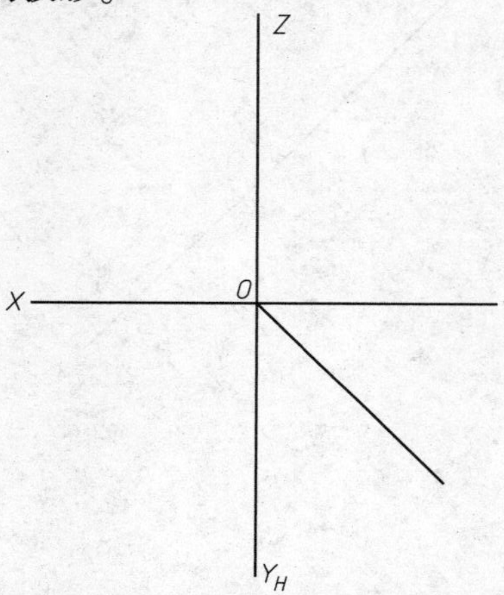

1）点 A 在____面上，它的____坐标等于零。

2）点 B 在____面上，它的____坐标等于零。

3）点 C 在____轴上，它的____和____坐标均为零。

4. 根据点的两个投影，作出其第三投影。

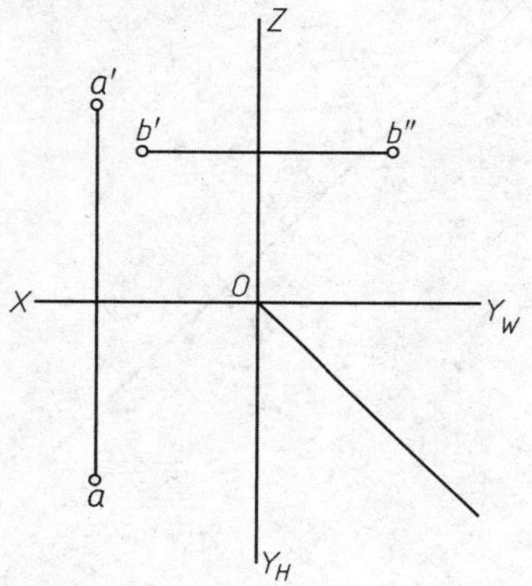

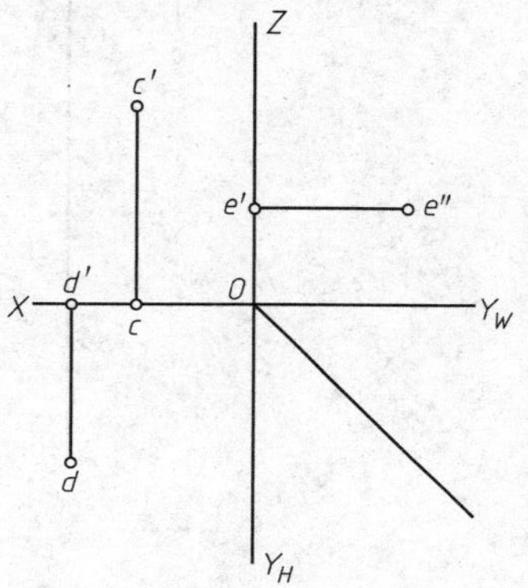

班级　　　　姓名

5. 已知点 B 在点 A 左方 35mm，在点 A 前方 10mm，比点 A 高 20mm；又知点 C 与点 B 同高，并且它的坐标 $x=y=z$，作出 A、B、C 三点的三面投影图。

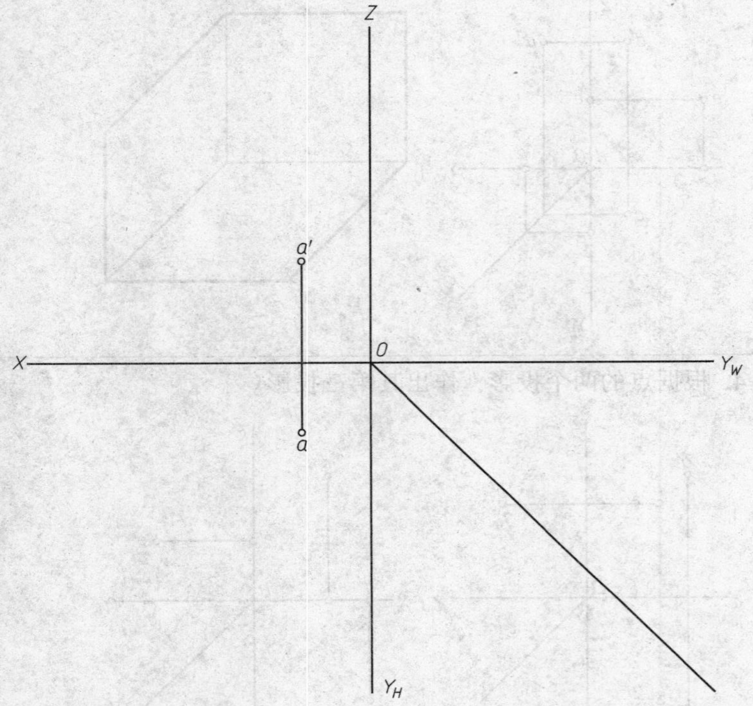

6. 已知 D（30，25，20）、E（30，25，25）、F（20，20，20）、G（30，20，20），作出各点的投影图，并判别可见性，把不可见的投影加上括号。

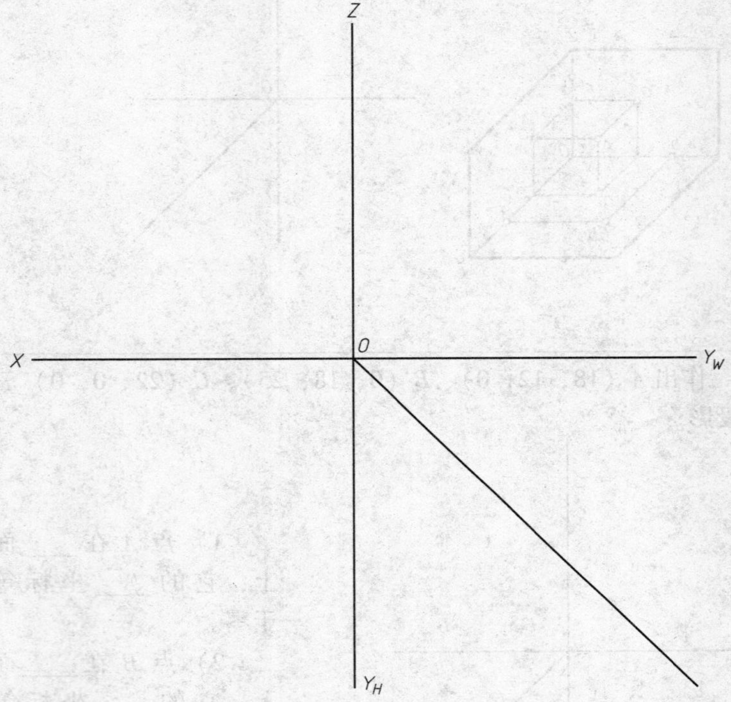

7. 求下列各直线的第三面投影。

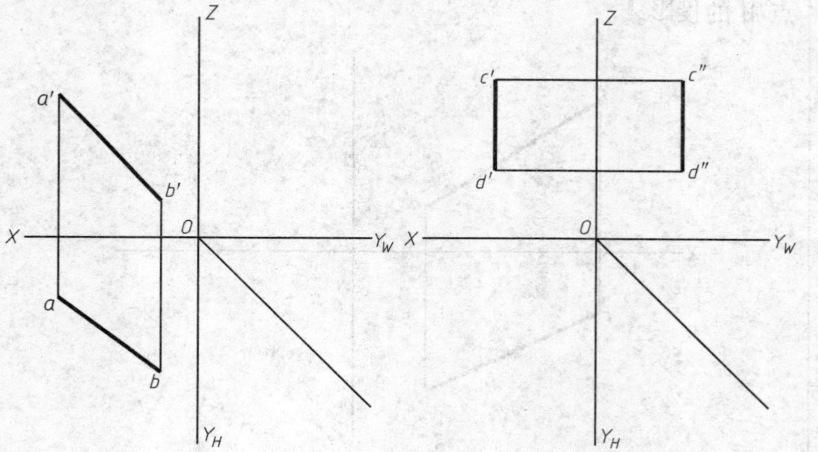

8. 按下列已知条件，作出直线 *EF*、*GH* 的第三面投影：1）点 *F* 距 *H* 面为 25mm；2）*GH* 为水平线，*GH* = 16mm，$\beta = 30°$（只作一解）。

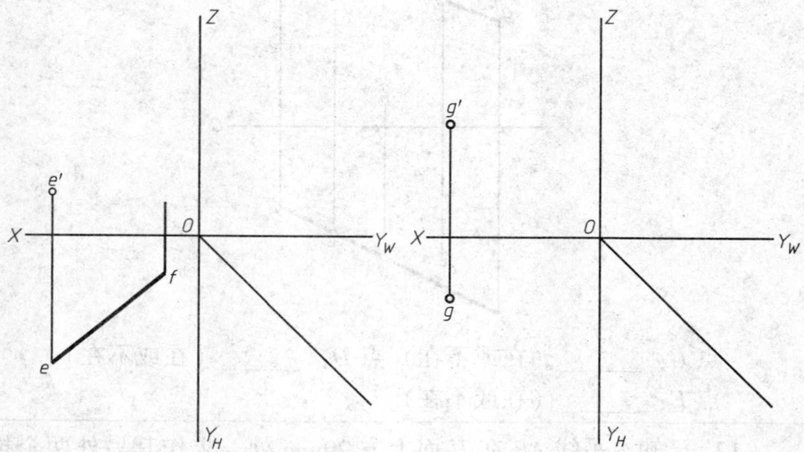

9. 判别下列各直线相对于投影面的位置。

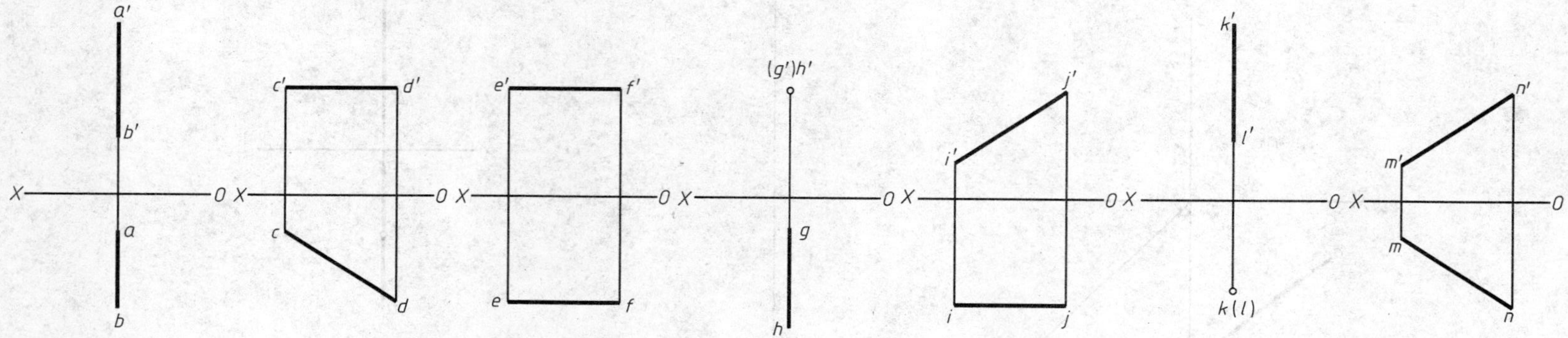

AB 是______线　*CD* 是______线　*EF* 是______线　*GH* 是______线　*IJ* 是______线　*KL* 是______线　*MN* 是______线

3-3 直线上的点的投影

10. 判别 C、D、E 三点是否在直线 AB 上。

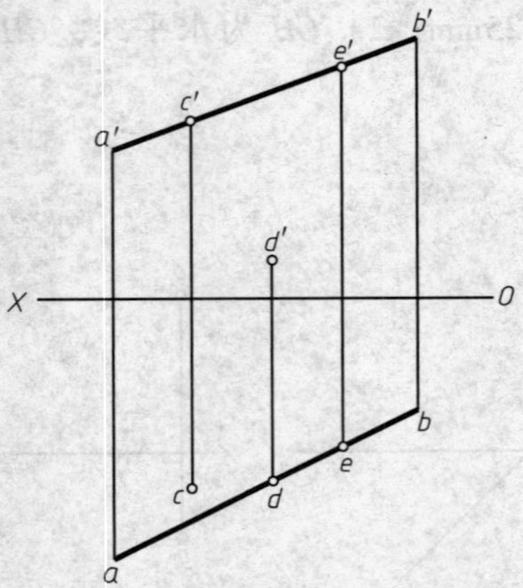

点 C：______（在或不在）点 D：______（在或不在）

点 E：______（在或不在）

11. 已知点 M 在直线 CD 上，并与 H、V 面的距离相等，求作点 M 的投影。

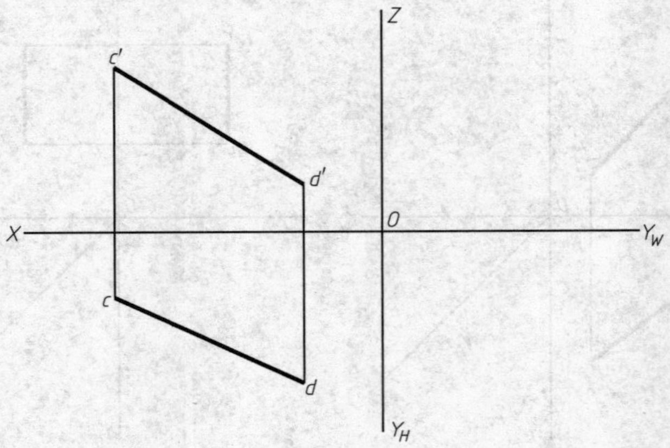

12. 已知水平线 AB 在 H 面上方 20mm 处，求作其另外两个投影，并在该直线上取一点 K，使 $AK=16$mm。

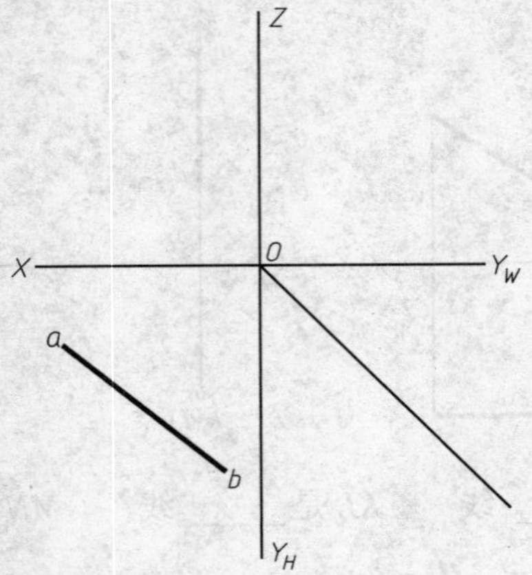

13. 点 K 在直线 AB 上，已知 k，求 k'。

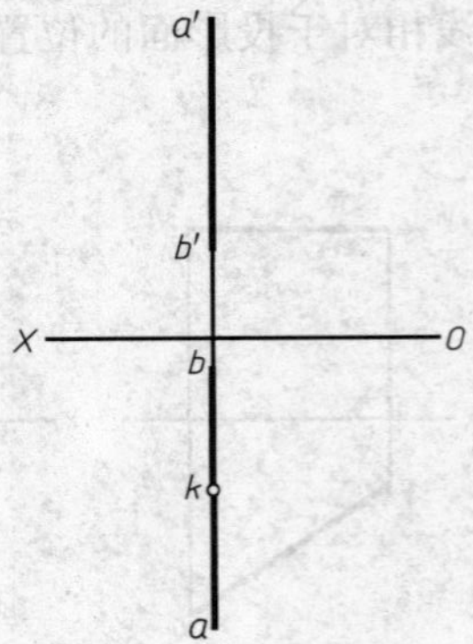

3-4 直线的实长与倾角

班级　　姓名

14. 作出线段 AB 的实长及其对投影面的倾角 α、β。

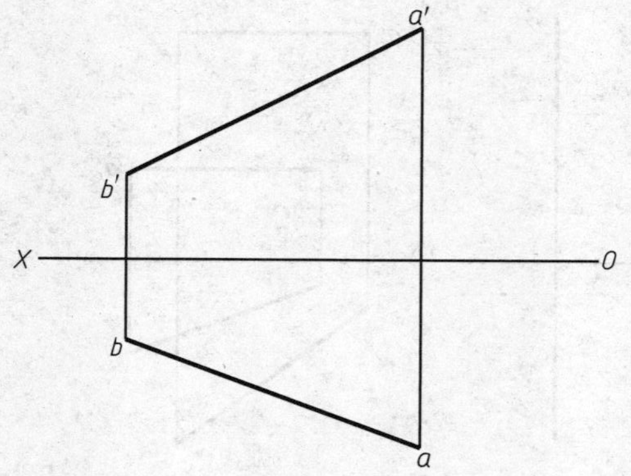

实长 = ____ mm。
α = ____。
β = ____。

15. 已知直线 CD 的投影 cd 及 c'，倾角 $\beta = 30°$，完成它的投影（只作一解）。

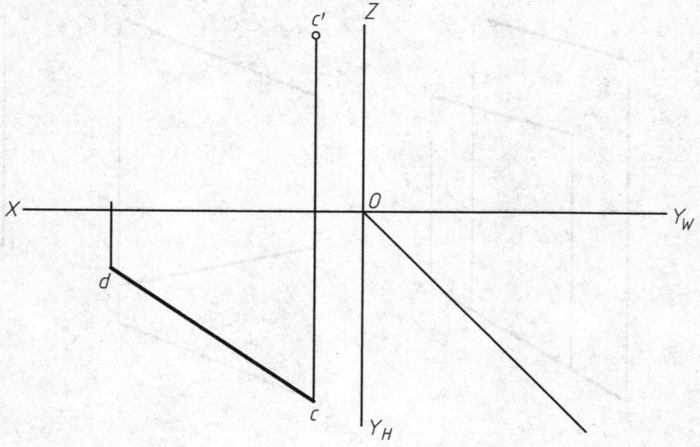

16. 已知直线 EF 的投影 $e'f'$ 及 e，实长为 38mm，完成它的投影（只作一解）。

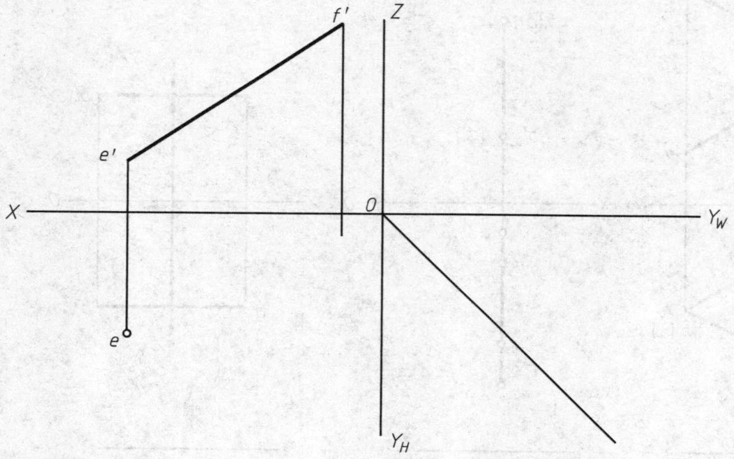

17. 已知两直线 AB、AC 长度相等，试作 AC 的水平投影（有__解）。

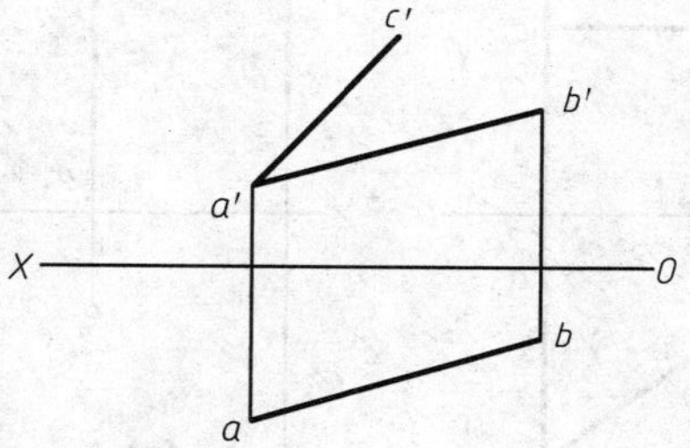

18. 判别两直线 *AB* 和 *CD* 的空间相对位置（是平行、相交还是交叉？填写在题下横线处）。

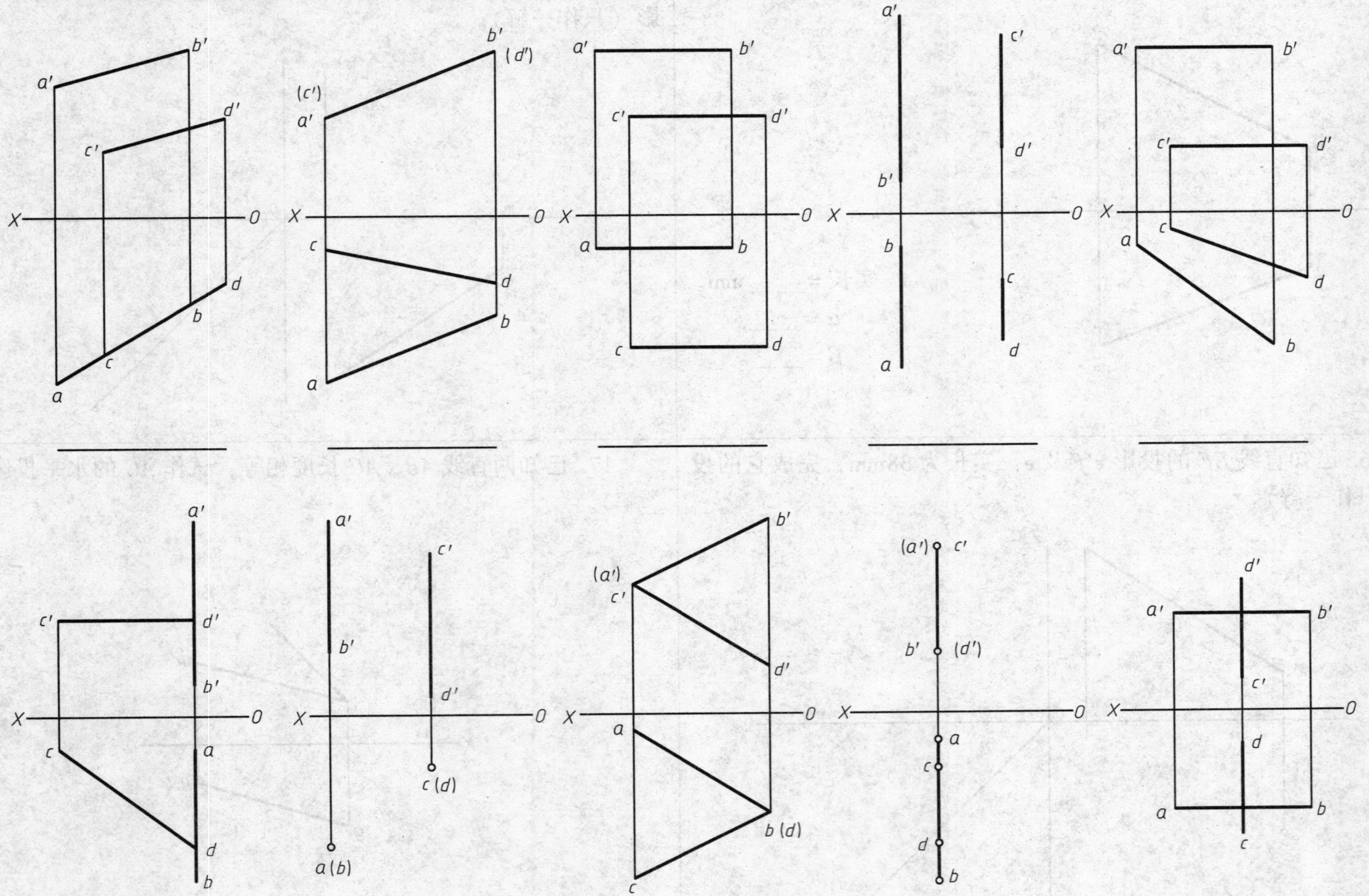

19. 过点 K 作直线 $KL // AB$，且 $KL = 26\text{mm}$，作出两直线的三面投影。

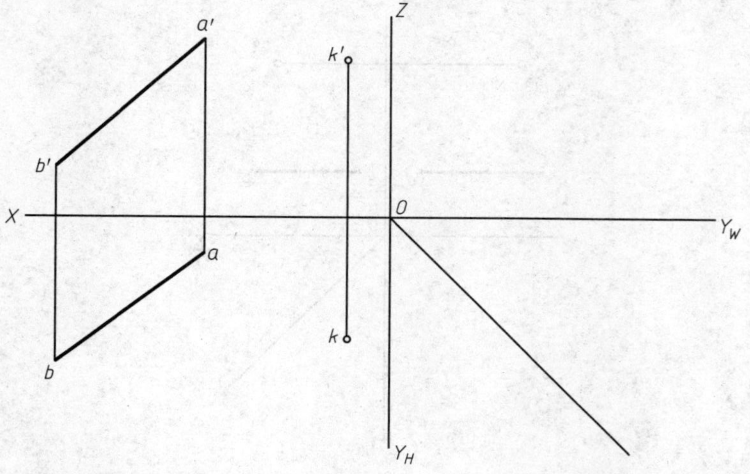

20. 过已知点 K 作正平线 KL，使其与已知直线 AB 相交于 L。

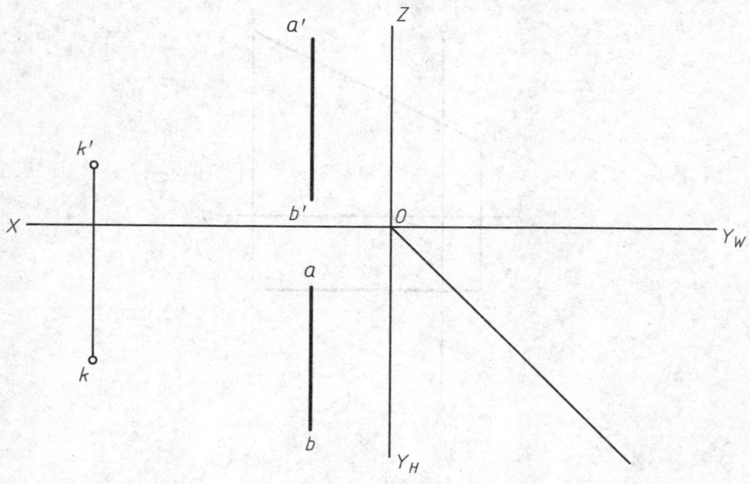

21. 已知 AB、CD 两直线相交，AB 为水平线，求作 $a'b'$。

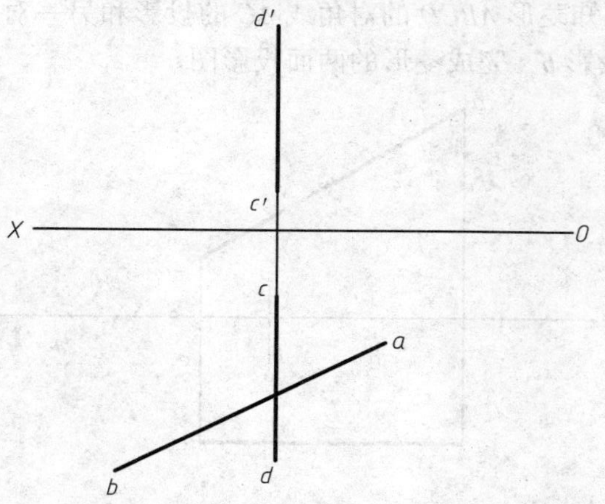

22. 标出交叉两直线各个重影点的两面投影。

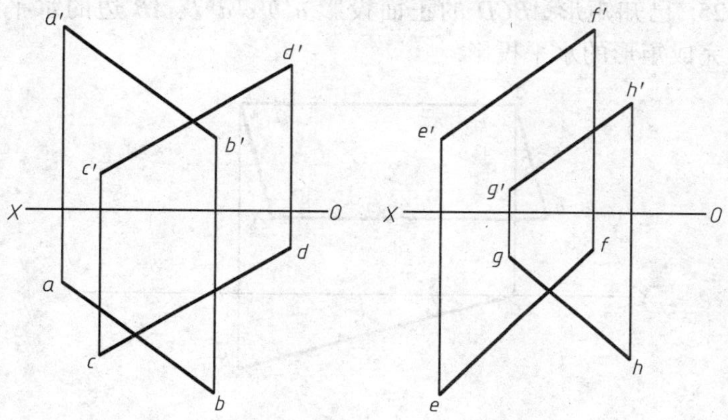

3-6 一边平行于投影面的直角的投影

班级　　　　姓名

23. 过点 K 作直线 KF，使其与直线 AB 垂直相交。

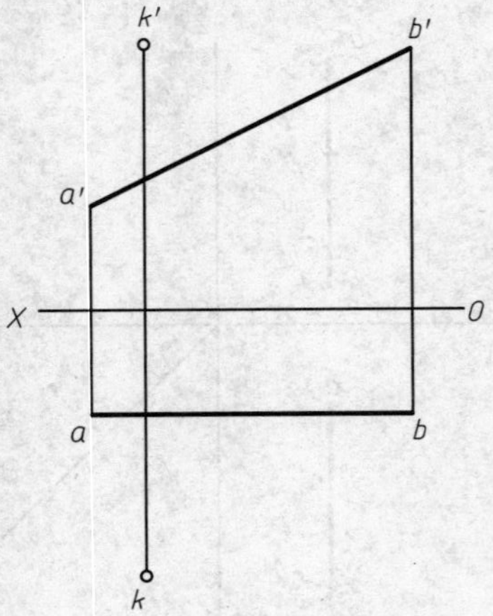

24. 过点 K 作直线 KF（点 F 为交点），使其与直线 CD 垂直相交。

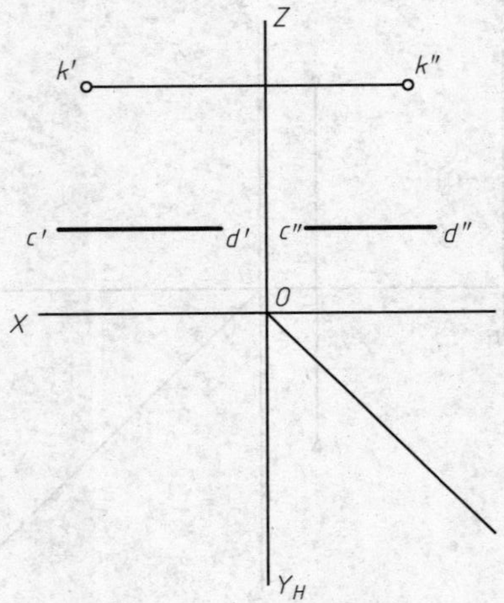

25. 已知矩形 $ABCD$ 的正面投影 $a'b'c'd'$ 及 AB 边的水平投影 ab，完成矩形的水平投影。

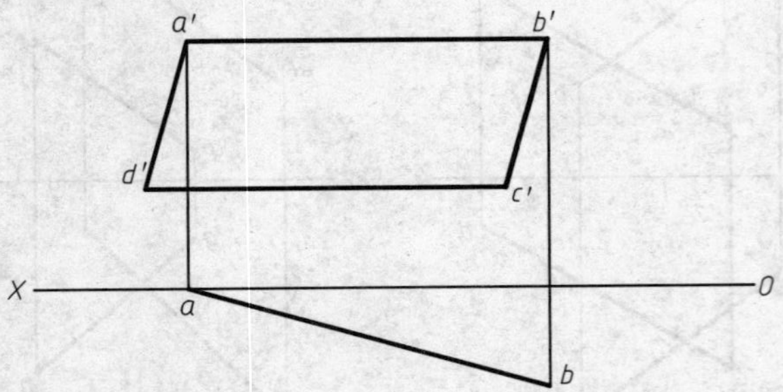

26. 已知菱形 $ABCD$ 的对角线 AC 的投影和另一对角线的端点 B 的水平投影 b，完成菱形的两面投影图。

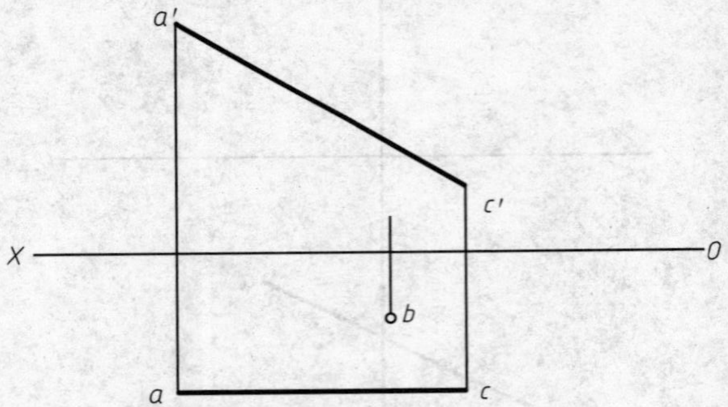

27. 判断下列各图中的平面是什么位置的平面。

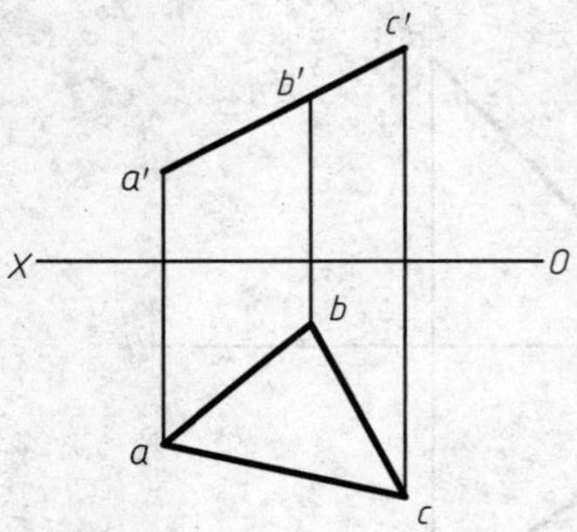

ABC 是________面

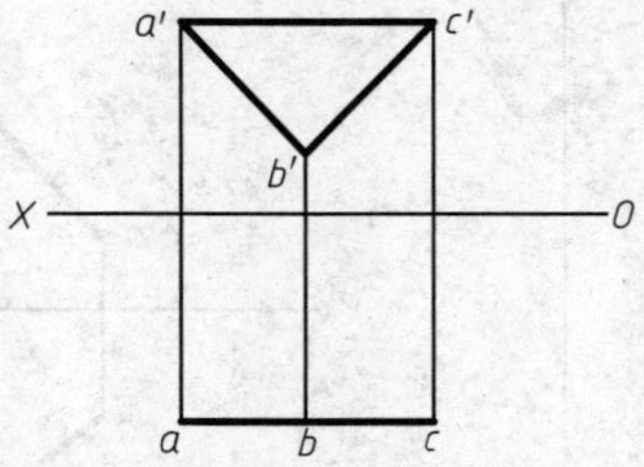

ABC 是________面

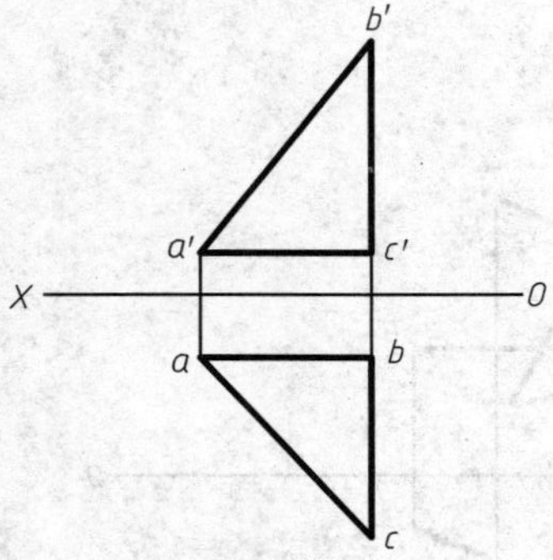

ABC 是________面

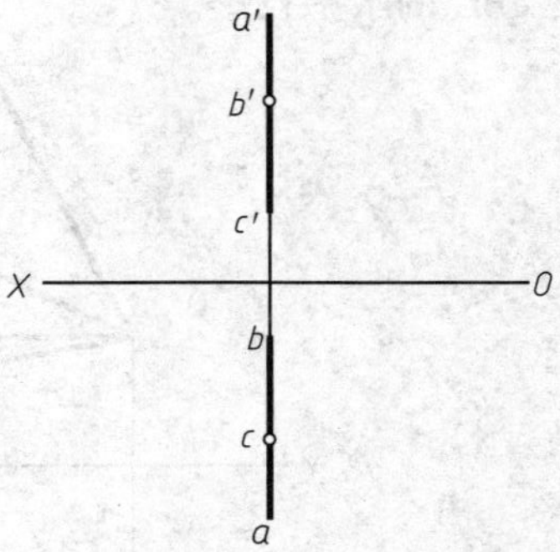

ABC 是________面

28. 求平面上点 *K* 与点 *N* 的另一投影。
（*AB*、*CD* 两相交直线确定平面）

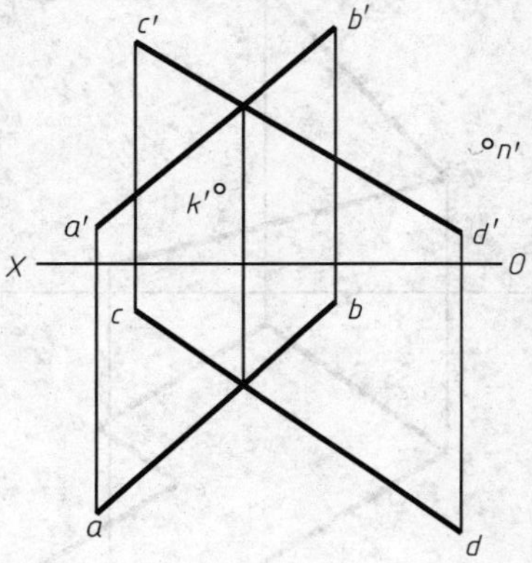

29. 试完成平面五边形的水平投影。

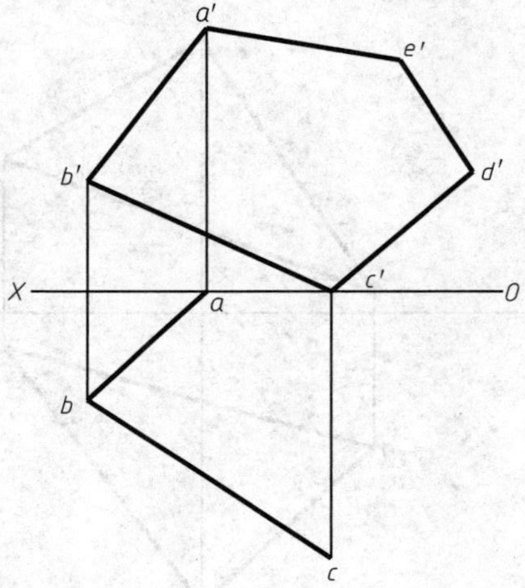

30. 已知直线 AM、AN 分别为 $\triangle ABC$ 上的正平线和水平线，完成 $\triangle ABC$ 的水平投影。

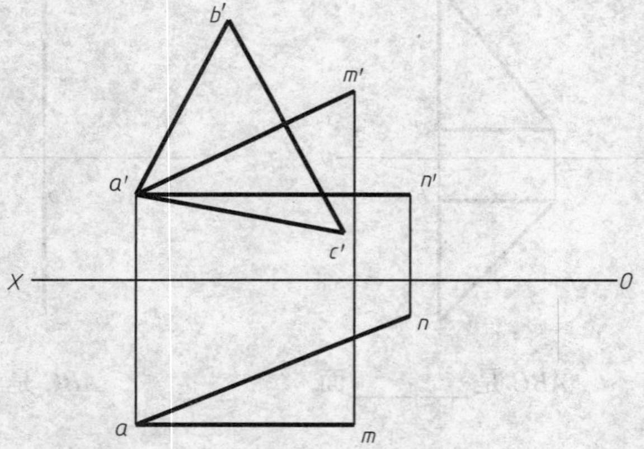

31. 试在直线 AB、CD 所确定的平面内，求作正平线 EF，使其距 V 面 14mm。

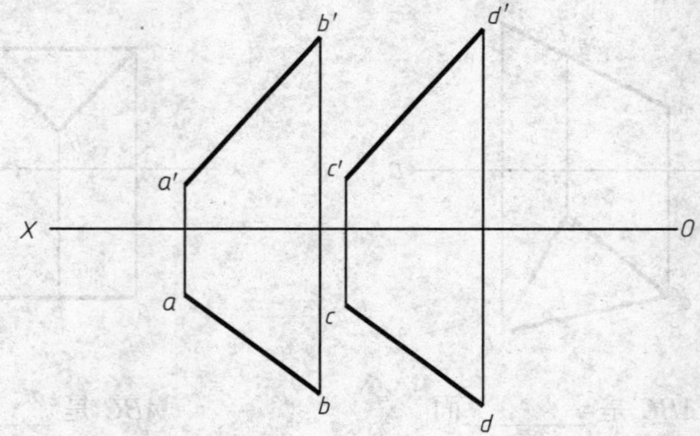

32. 在 $\triangle ABC$ 内确定点 K，使点 K 距 H 面为 18mm，距 V 面为 22mm。

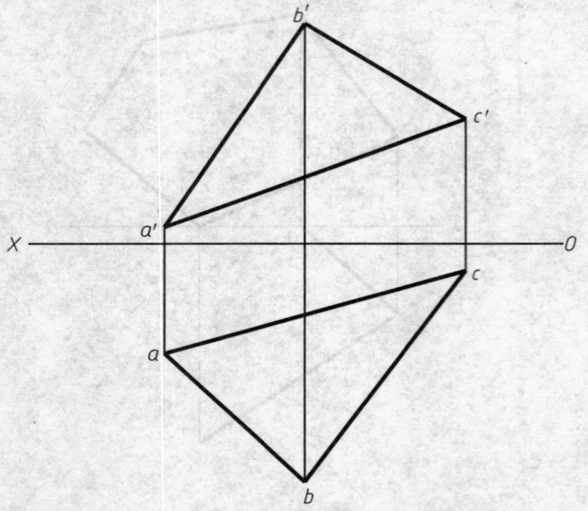

33. 完成 L 形平面的正面投影。

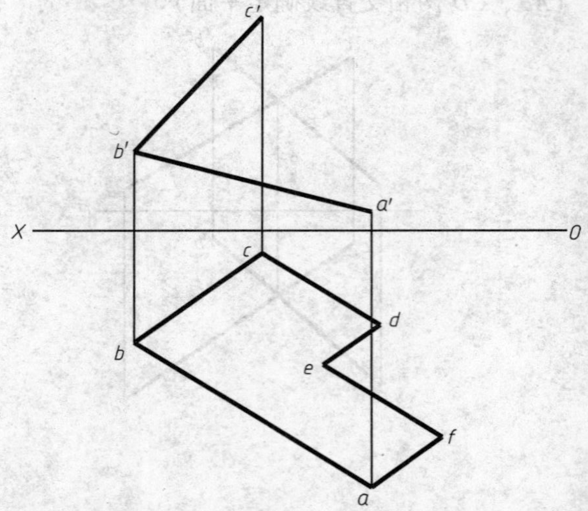

3-8 几何元素平行

班级　　　　姓名

34. 已知直线 EF 平行于 $\triangle ABC$，作出 ef。

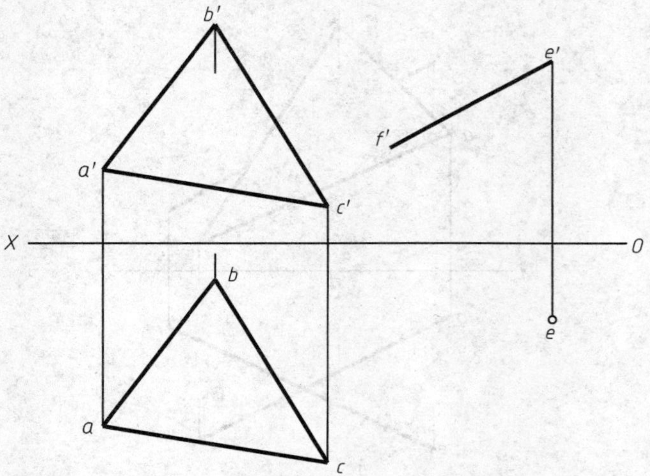

35. 判别直线 EF 是否平行于平行四边形 $ABCD$。

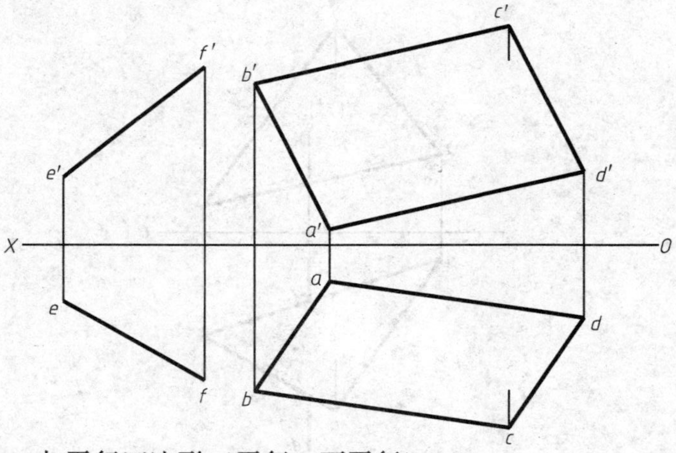

EF 与平行四边形（平行、不平行）

36. 过点 K 作一三角形平面，使其平行于由平行两直线 AB、CD 所确定的平面。

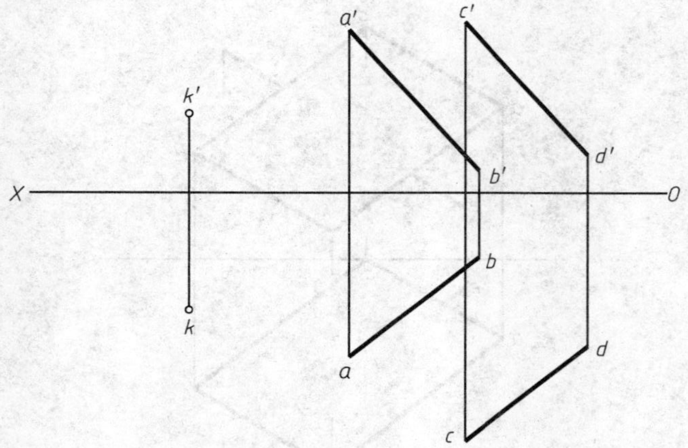

37. 判别已知两平面是否平行。两平面（平行、不平行）

平面 1：直线 AB 与 C，平面 2：两平行直线 EF 与 GH。

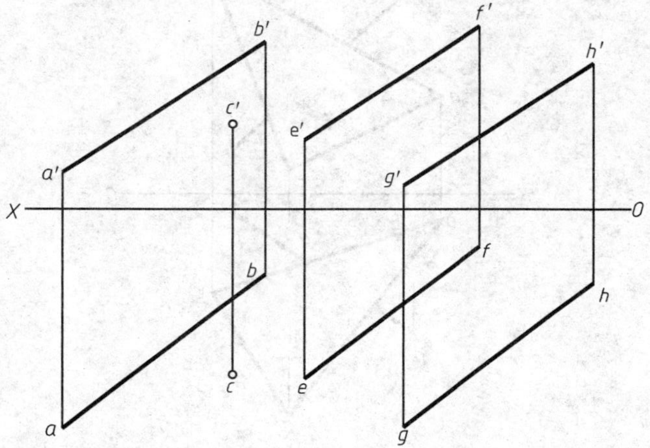

38. 求直线 EF 与 $\triangle ABC$ 的交点，并判别直线的可见性。

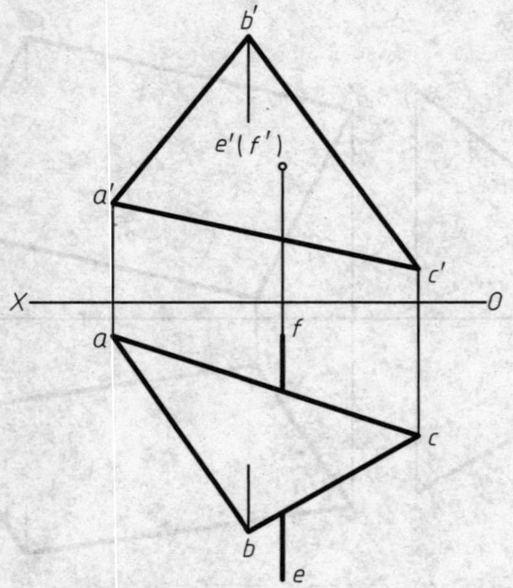

39. 求直线 EF 与 $\triangle ABC$ 的交点，并判别直线的可见性。

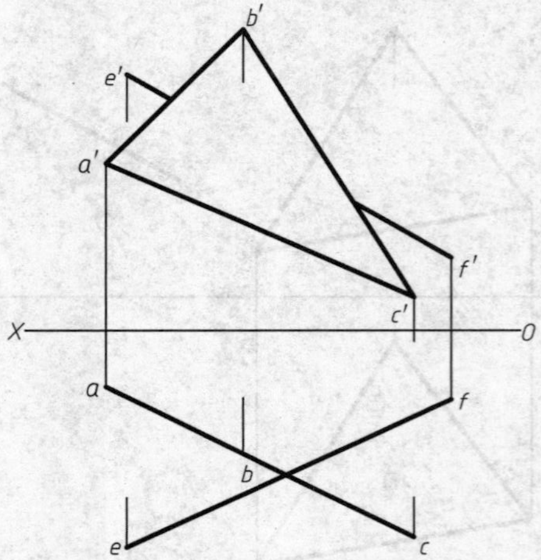

40. 求直线 EF 与 $\triangle ABC$ 的交点，并判别直线的可见性。

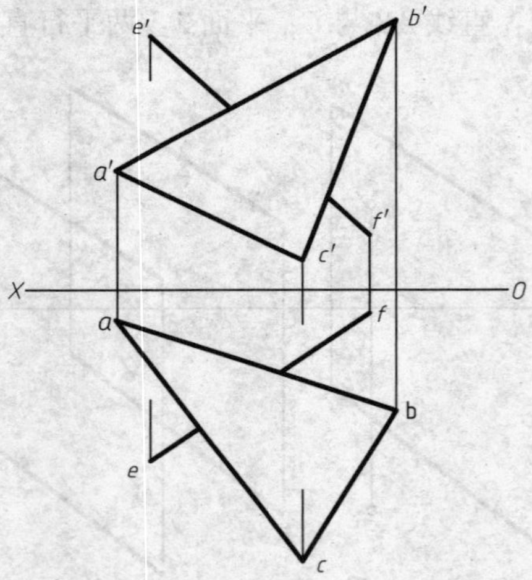

41. 求直线 EF 与平行四边形 $ABCD$ 的交点，并判别直线的可见性。

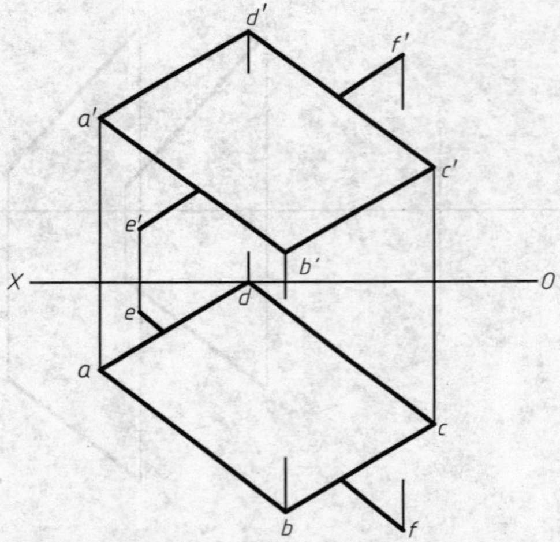

42. 作出平面 P 与 $\triangle ABC$ 的交线，并判别其可见性。

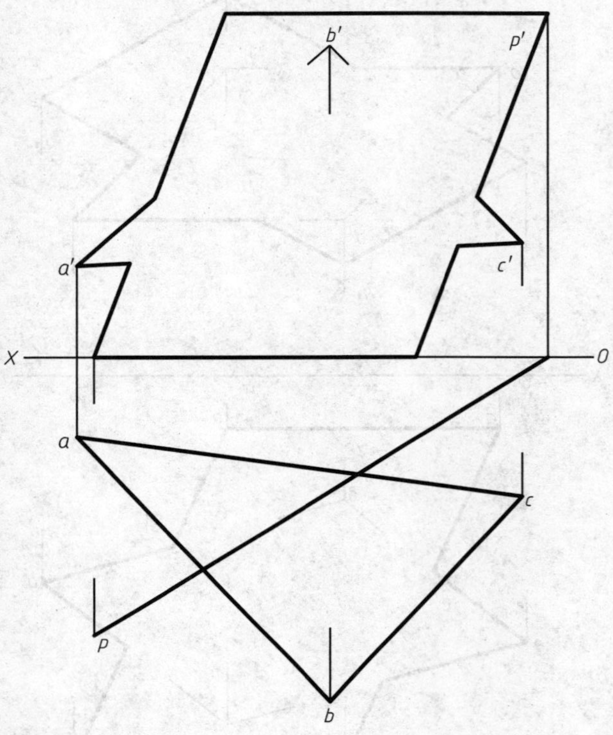

43. 作出两平面的交线，并判别可见性。

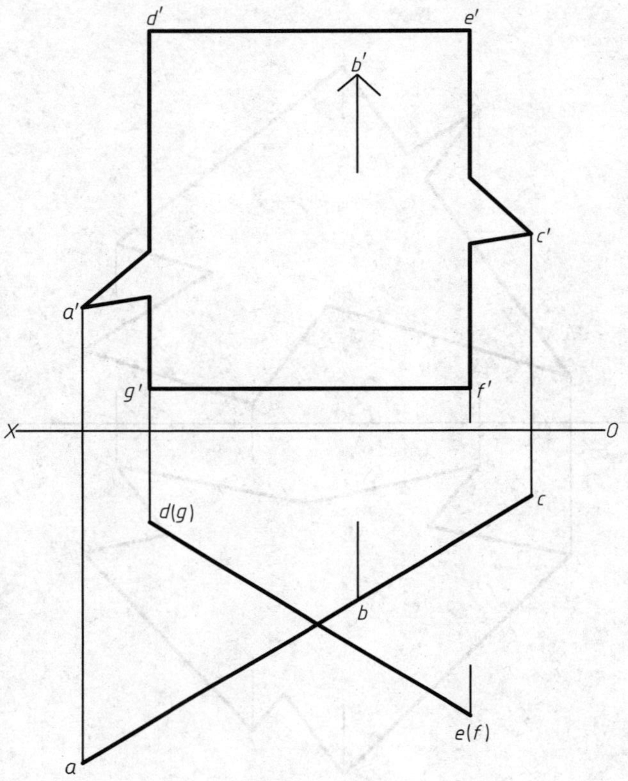

44. 作出两平面的交线，并判别可见性。

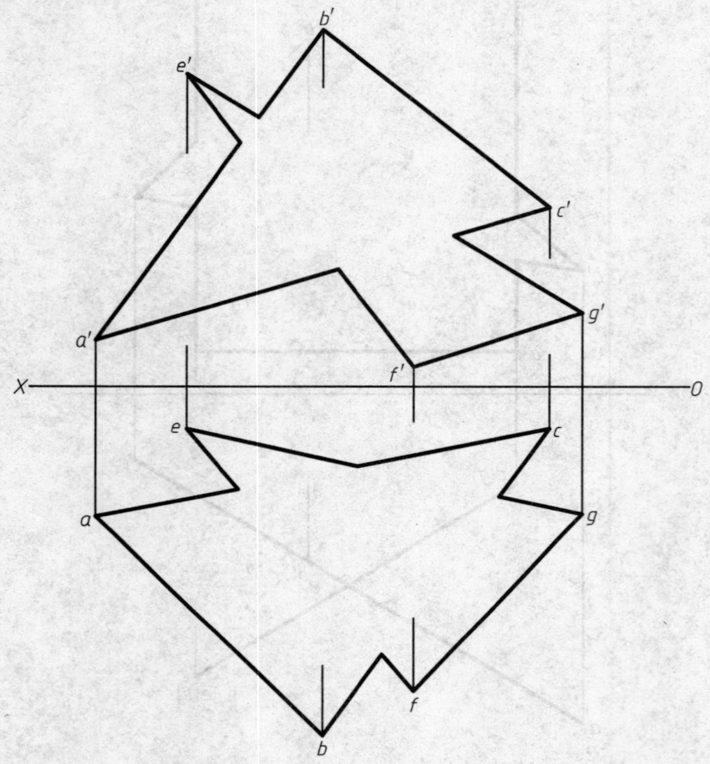

45. 作出两平面的交线，并判别可见性。

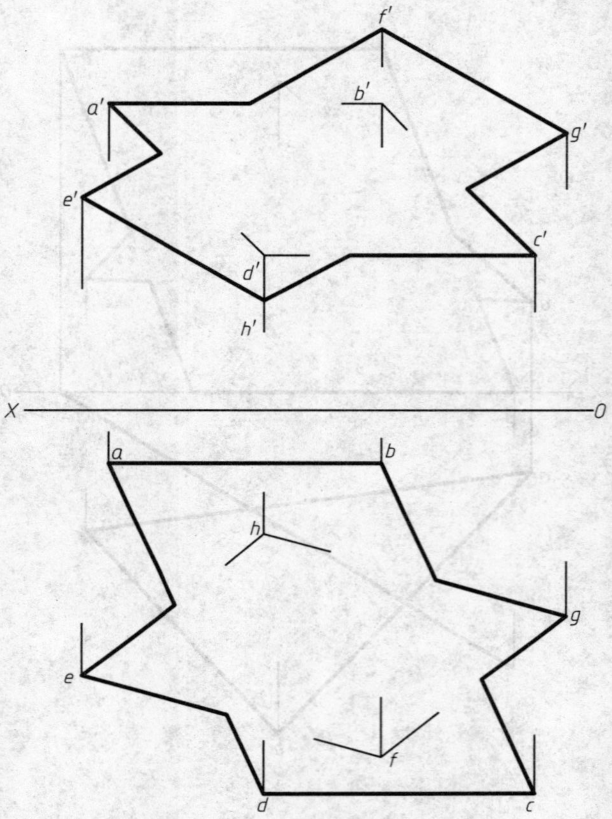

46. 过点 M 作一直线 MN 垂直于已知平面，并求出垂足。

（1）

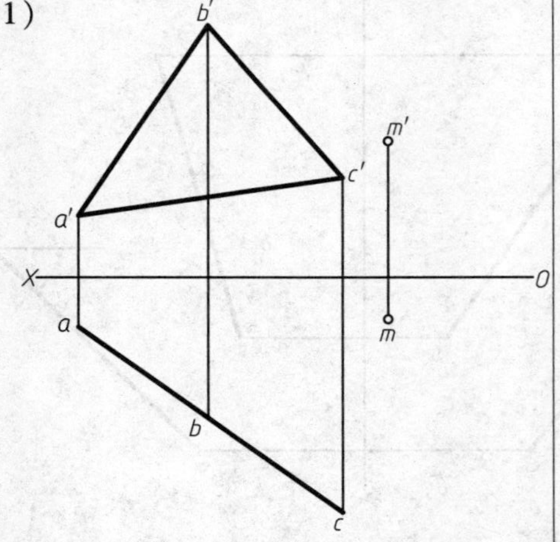

（2）

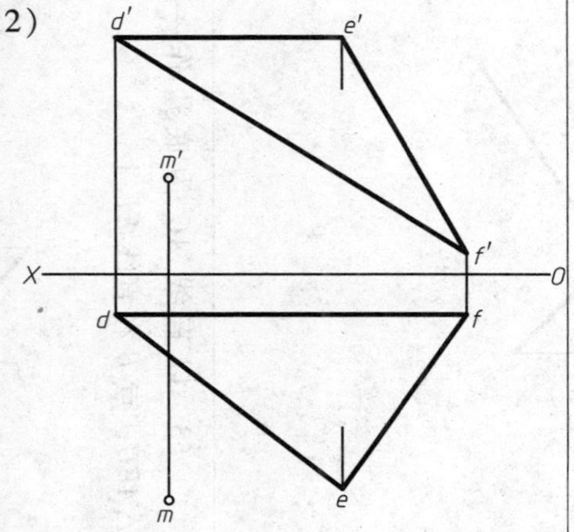

（3）

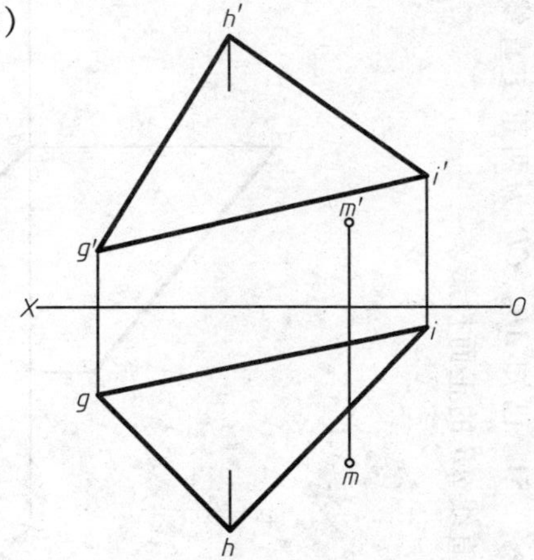

47. 过直线的端点 A 作一平面垂直于直线 AB。

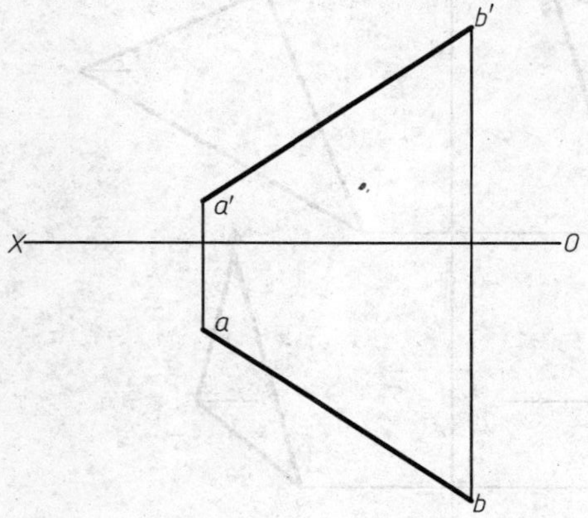

48. 过线外的一点 K 作平面垂直于直线 AB。

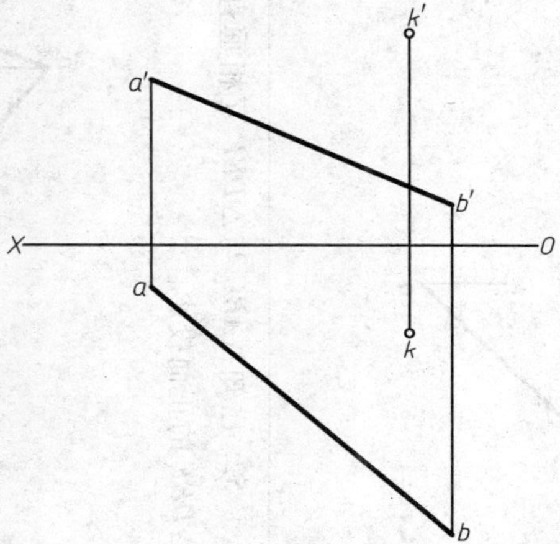

49. 包含直线 MN 作一平面垂直于△ABC。

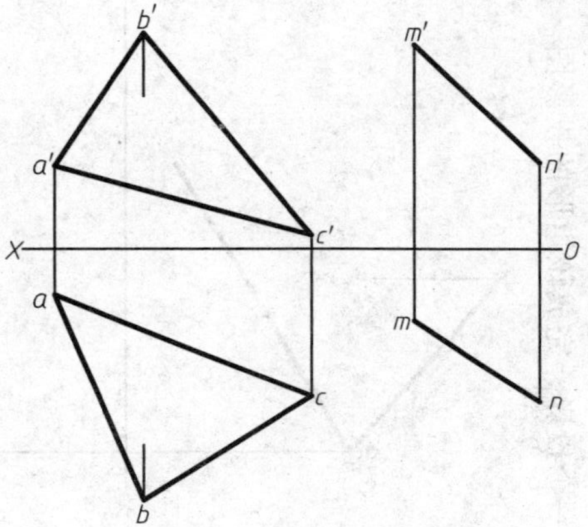

50. 已知矩形的一边的两个投影和其邻边的一个投影，完成该矩形的投影图。

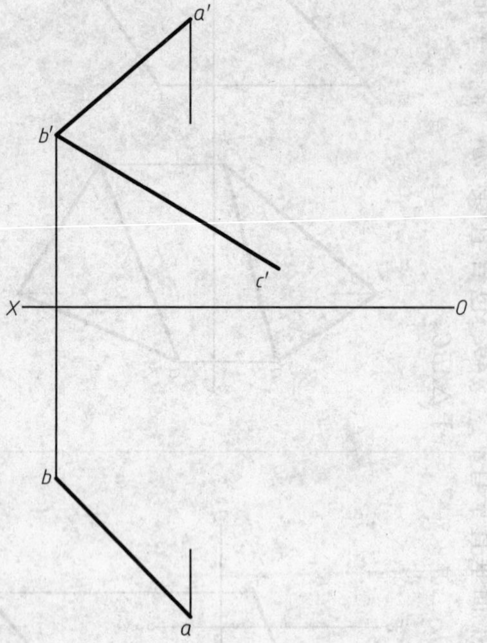

51. 已知 *AB*、*CD* 为两正交直线，作直线 *AB* 的正面投影。

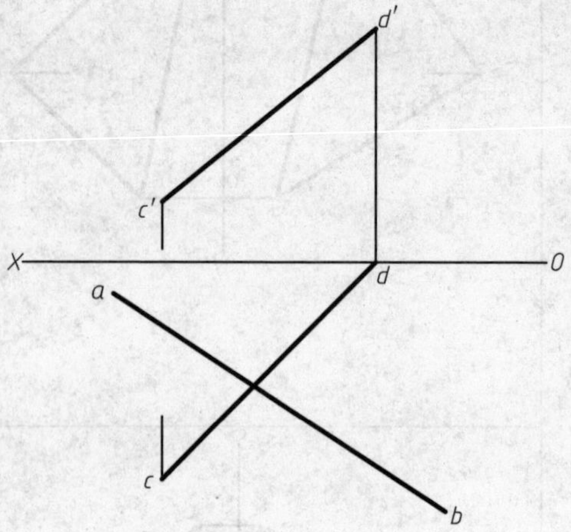

52. 已知△*ABC* 与△*DEF* 互相垂直，作出△*DEF* 的正面投影。

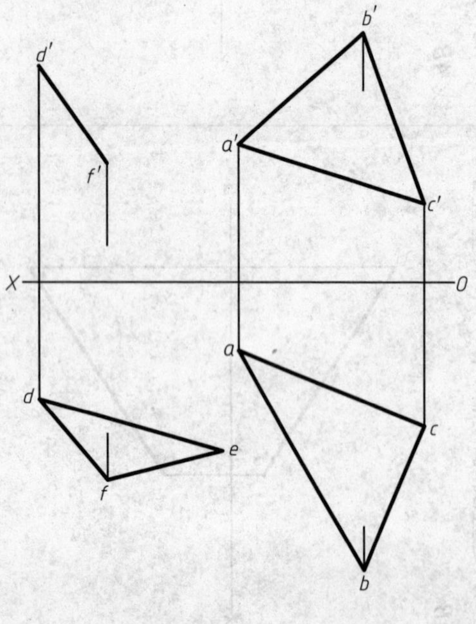

53. 以直线 *AC* 为底边作一等腰△*ABC*，点 *B* 在直线 *EF* 上。

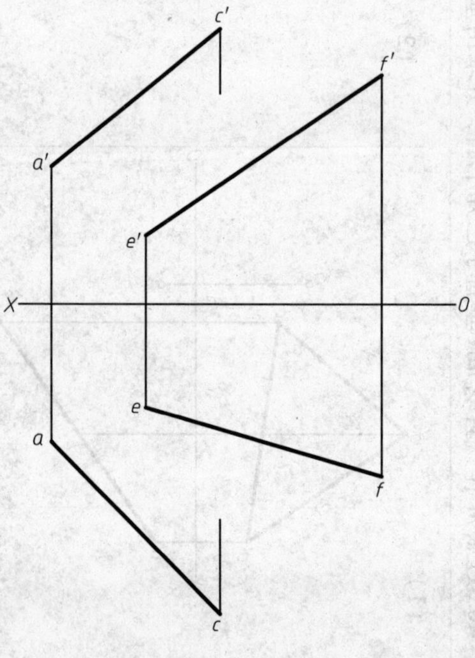

班级 姓名

54. 过点 K 作一直线 KL 与平面 ABC 平行、与直线 EF 相交。

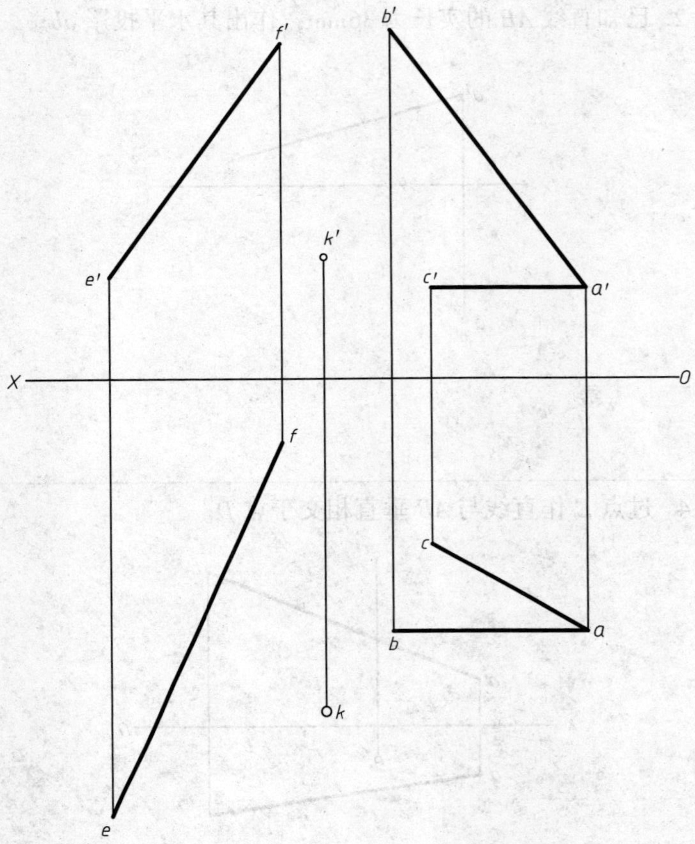

55. 在直线 EF 上找一点，使其与平面 $\triangle ABC$（AB 平行于 V 面，AC 平行于 H 面）相距 10mm。

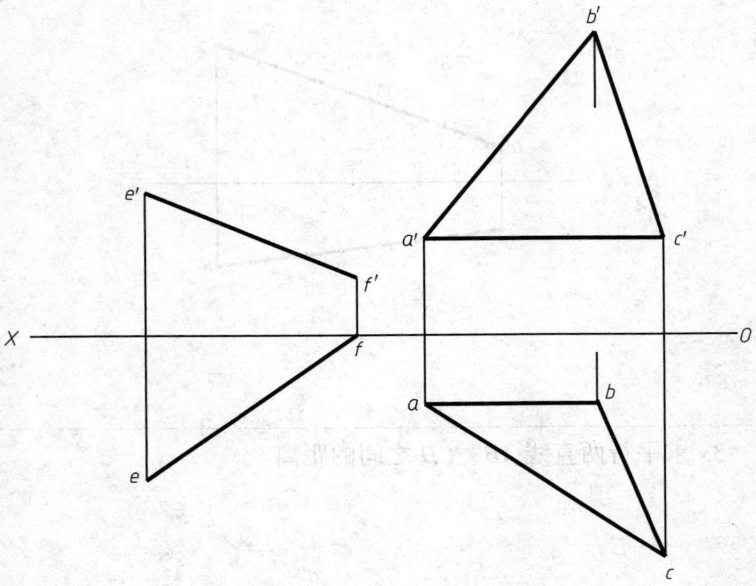

第4章 投影变换

班级　　　　姓名

1. 求直线 AB 对 H、V 面的倾角 α、β。

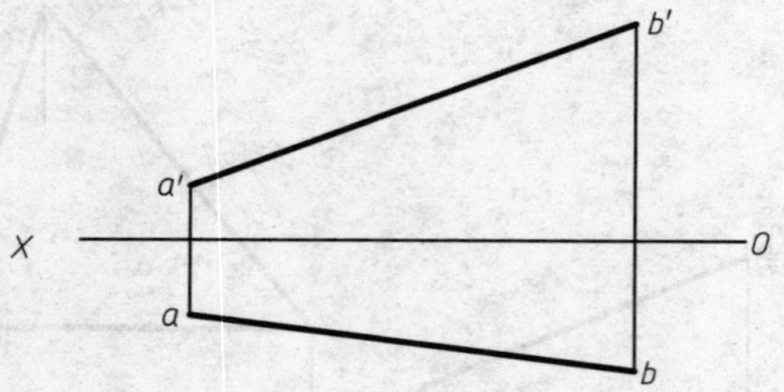

2. 已知直线 AB 的实长为 36mm，作出其水平投影 ab。

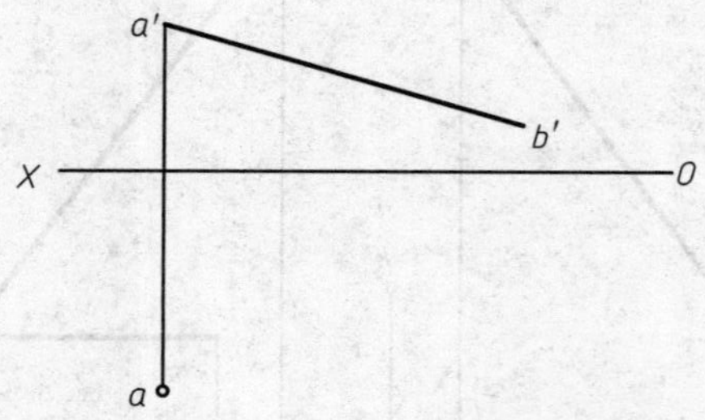

3. 求平行两直线 AB、CD 之间的距离。

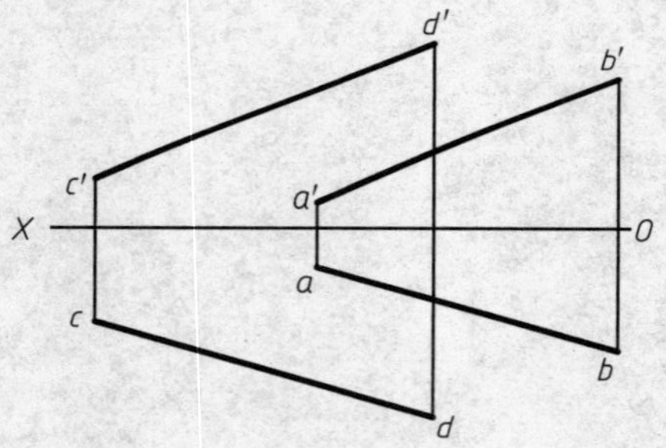

4. 过点 C 作直线与 AB 垂直相交于点 D。

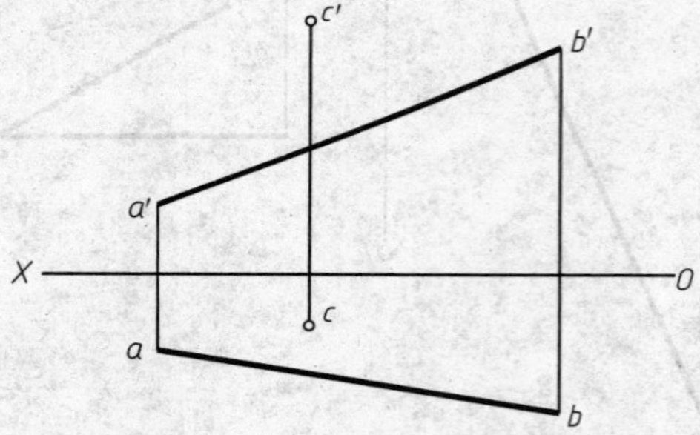

5. 求平面$\triangle ABC$对H、V面的倾角α、β。

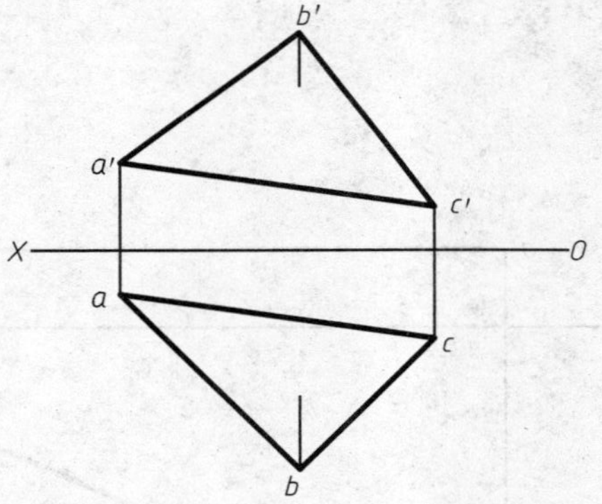

6. 求点K到$\triangle DEF$之间的距离。

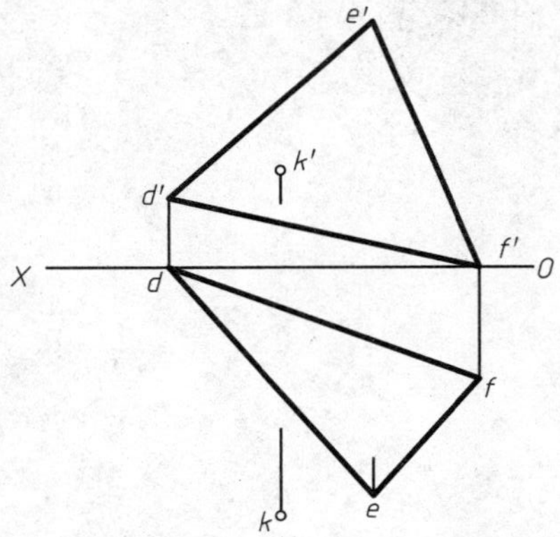

7. 在直线PQ上取一点K，使其与A、B两点等距。

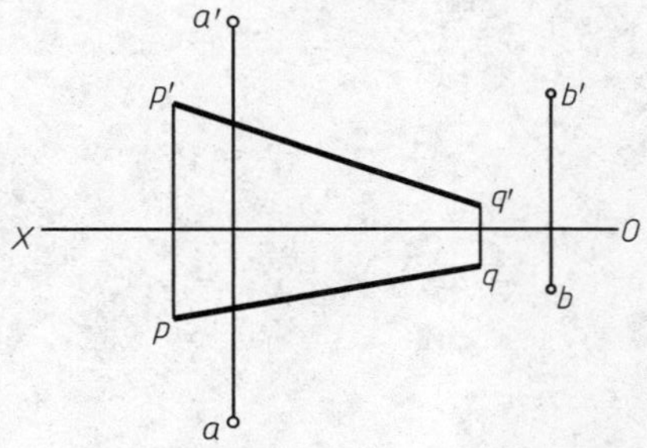

8. 已知以直线MN为底边的等腰$\triangle MNA$的正面投影$m'n'a'$和底边的水平投影mn，补全$\triangle MNA$的水平投影。

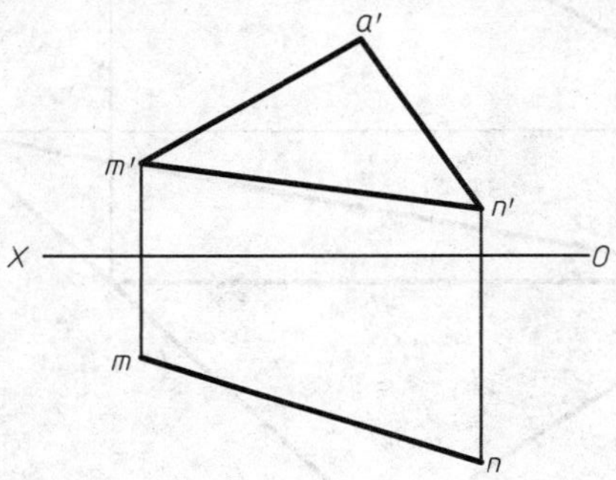

9. 已知△PQR 的水平投影，并知其面内的正平线 PL 的两个投影，△PQR 对 V 面的倾角 $\beta=30°$，作出其正面投影。

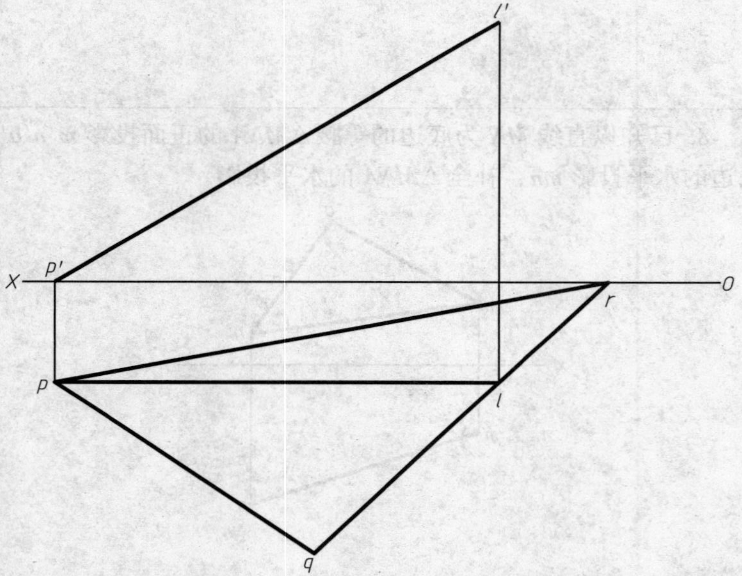

10. 已知正方形的一边 AB 为水平线，正方形平面对 H 面的倾角 $\alpha=30°$，作出该正方形的投影。

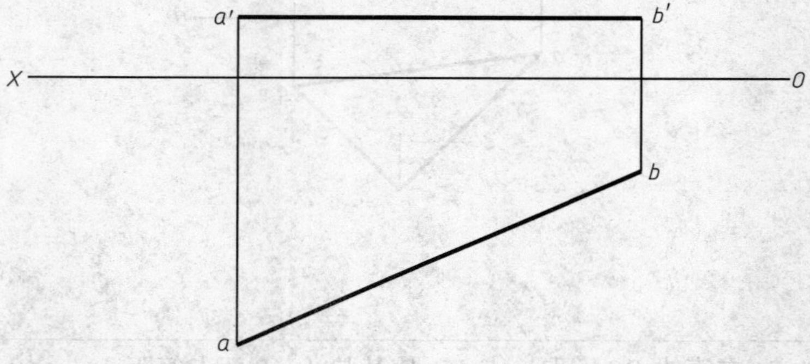

第 5 章　立体的投影

班级　　　　　　姓名

1. 求作立体的第三投影，并补全立体表面上点的其余两投影。

(1)

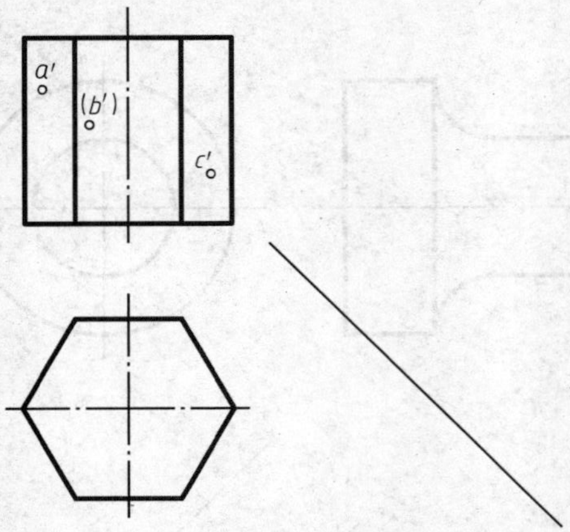

(2)

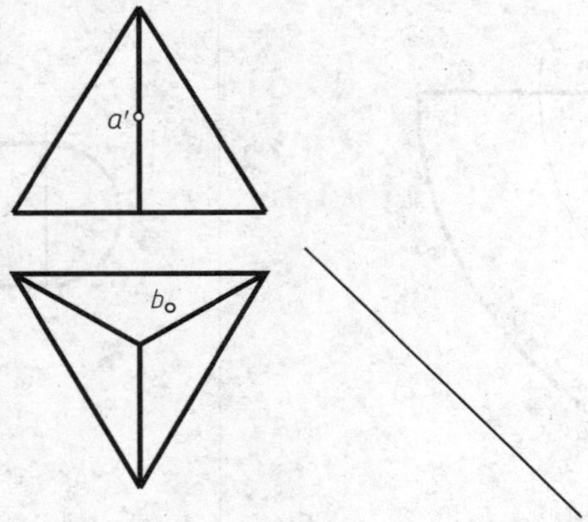

(3)

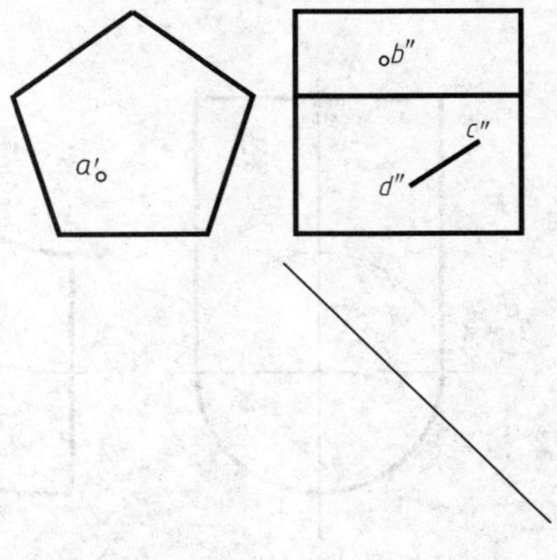

(4)

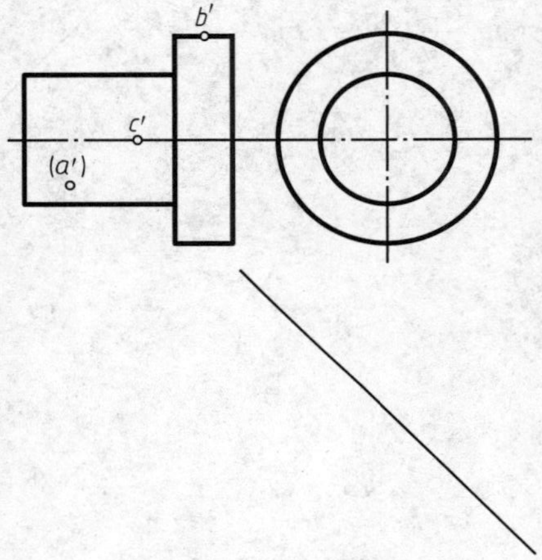

(5)

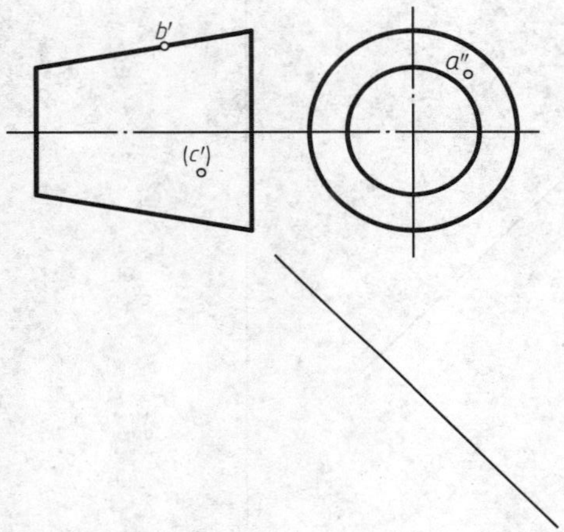

(6)

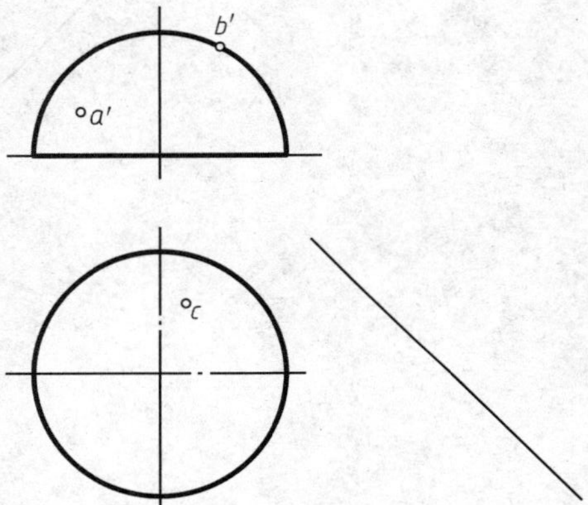

班级　　　　　　姓名

2. 作出 1/4 圆环体的水平投影，以及其表面上 A、B、C 三点的其余两投影。

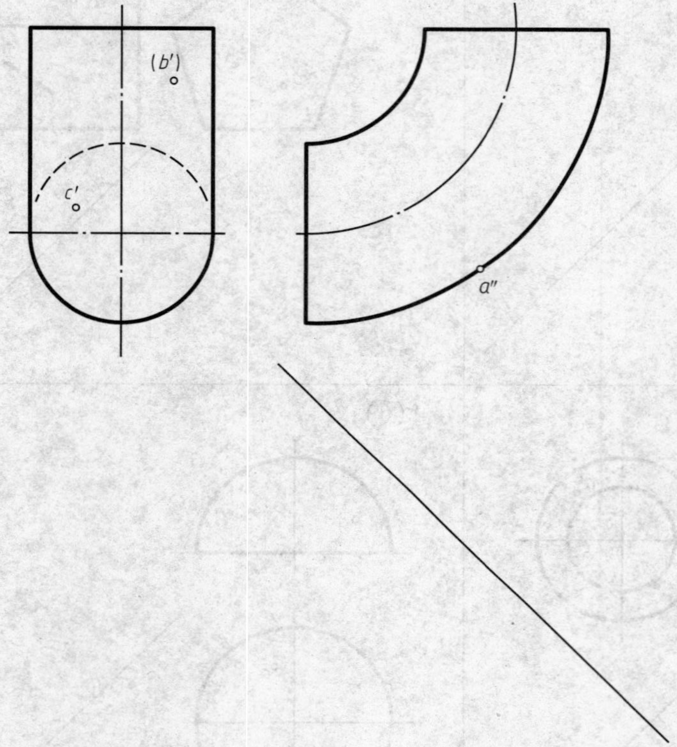

3. 作出组合回转体的水平投影，以及其表面上 A、B、C 三点的其余两投影。

第 6 章　立体的截交

6-1　平面截切平面立体

班级　　　　姓名

1. 完成平面立体被截切后的侧面投影。

（1）

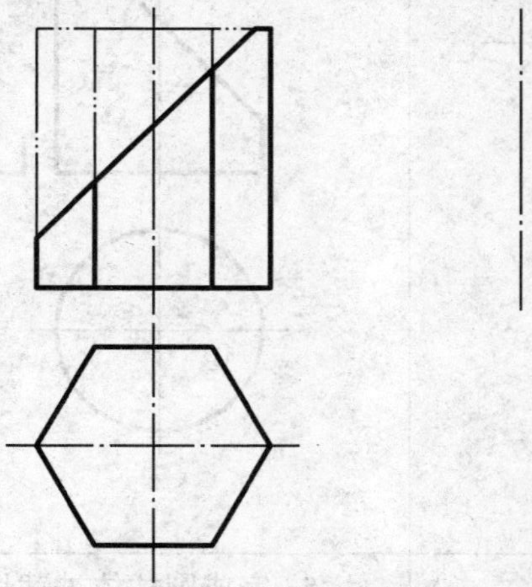

（2）

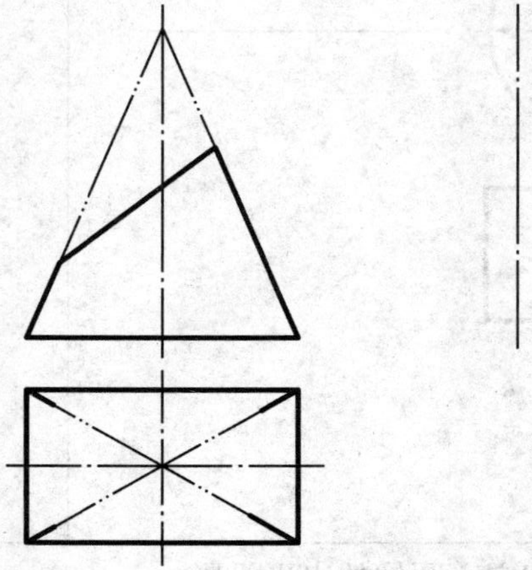

（3）

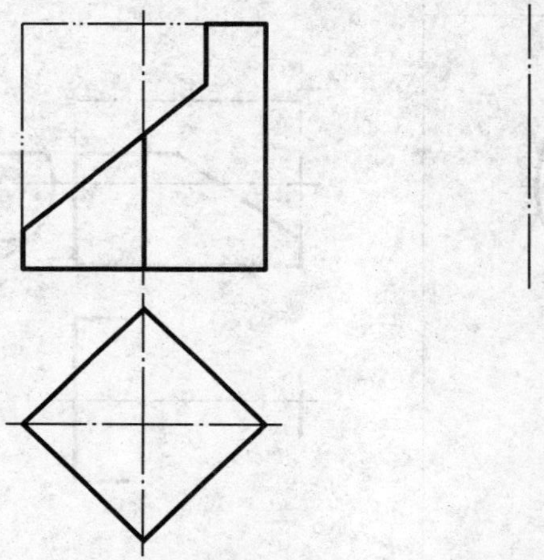

（4）

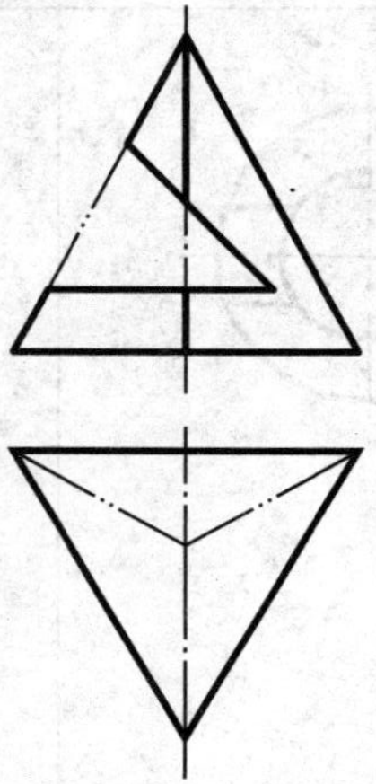

6-2 平面截切曲面立体

班级　　　　　姓名

2. 作出截切圆柱的侧面投影。

(1)

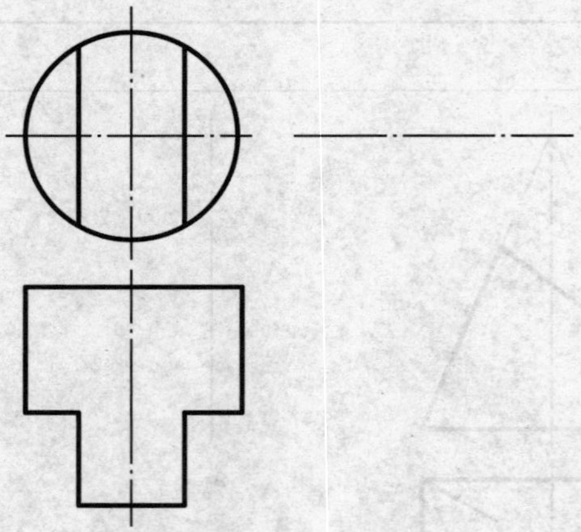

(2)

3. 作出截切空心圆柱的水平投影。

(1)

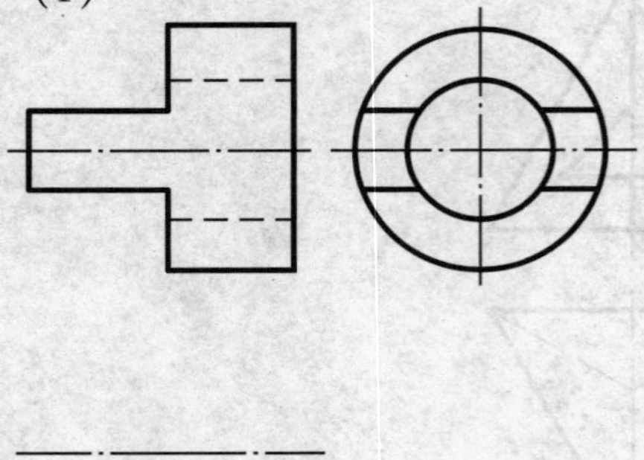

(2)

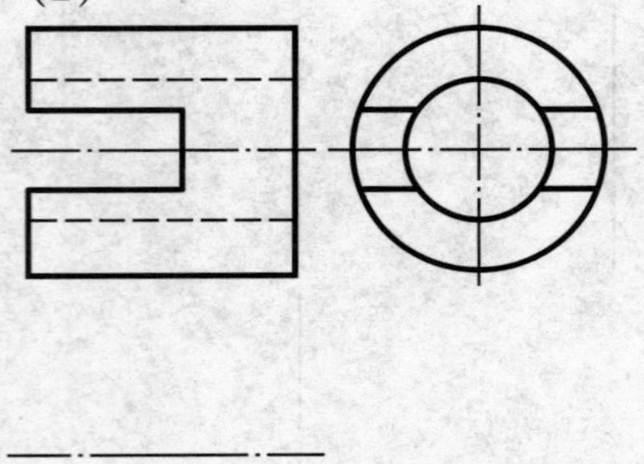

4. 完成圆柱体被截切后的侧面投影。

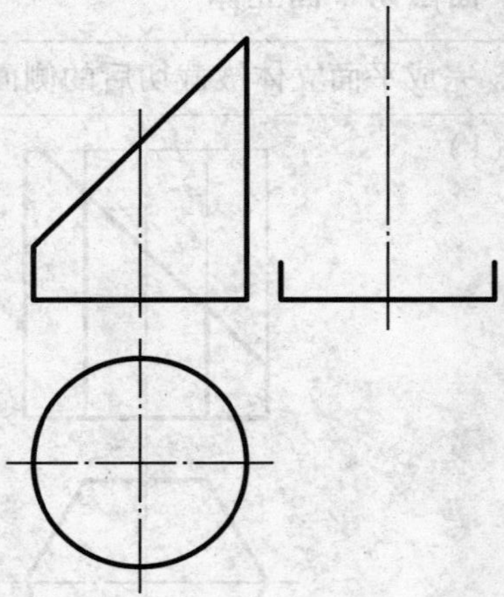

5. 完成圆柱体被截切后的水平投影。

6. 完成圆锥体被截切后的三面投影。

(1)

(2)

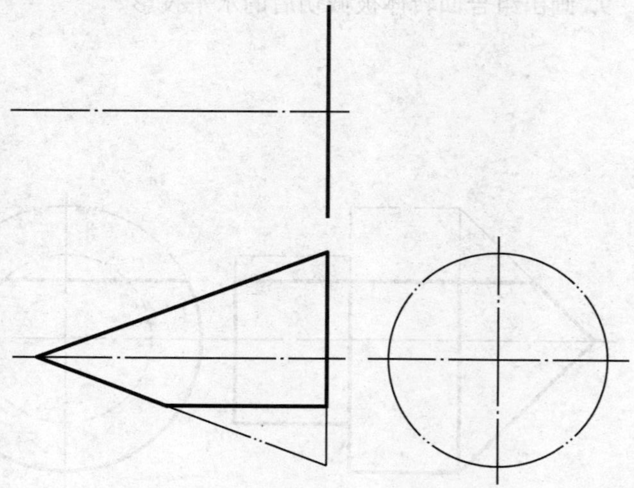

(3)

(4)

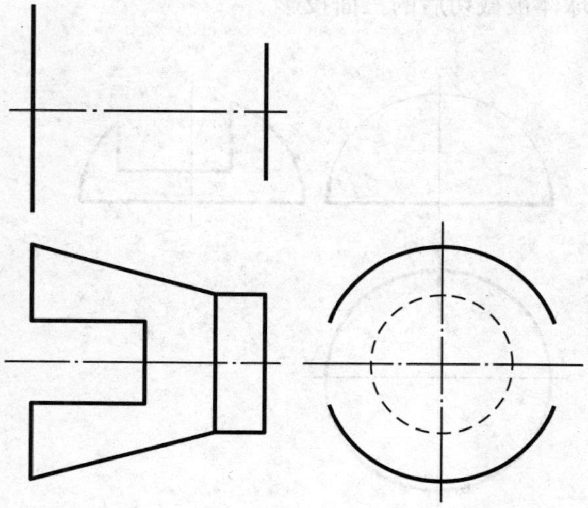

7. 完成球体被截切后的三面投影。

8. 完成球体被截切后的三面投影。

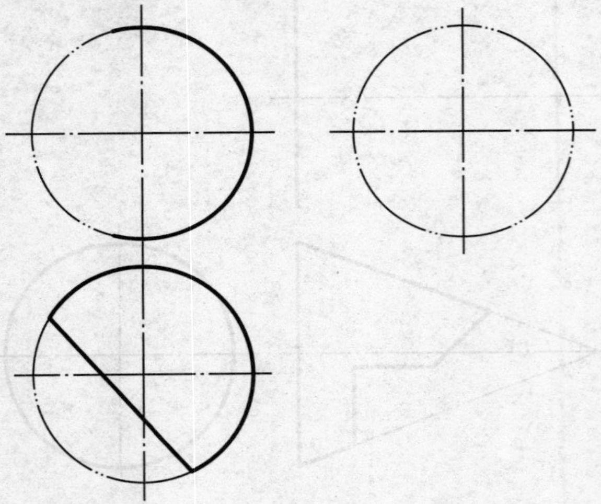

9. 画出组合回转体被截切后的水平投影。

10. 求作回转体的水平投影。

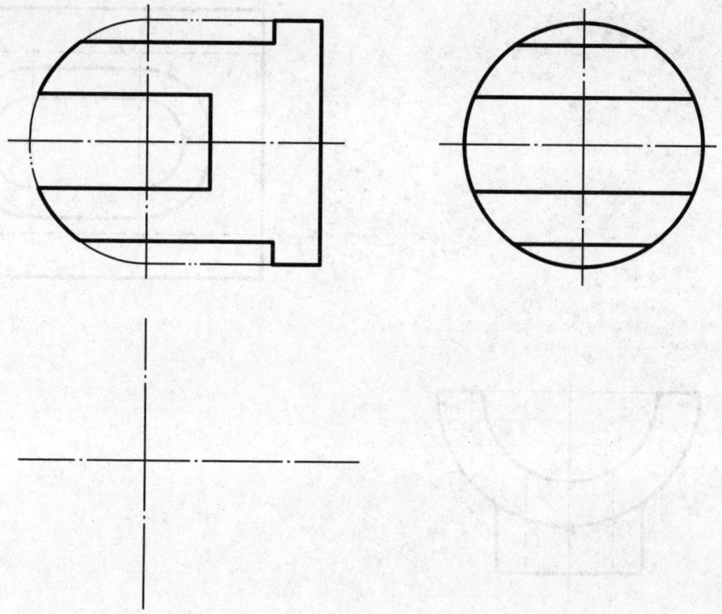

11. 求作回转体的正面投影。

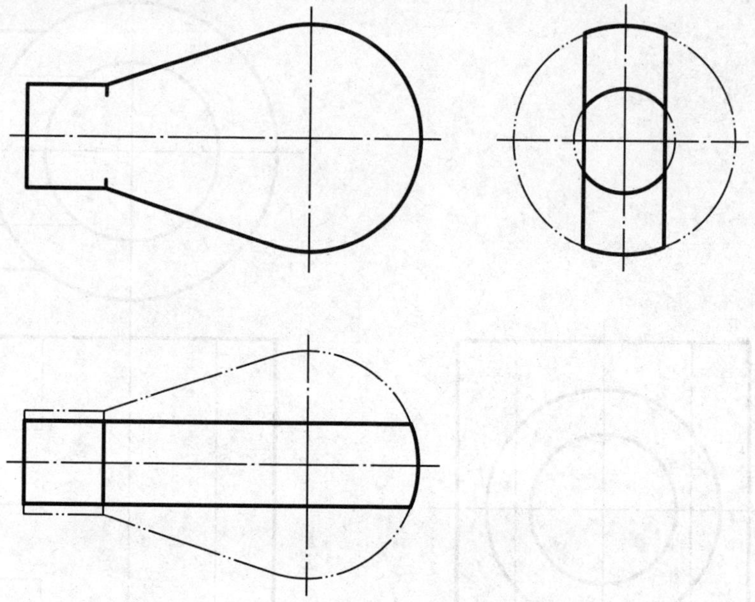

班级　　　　姓名

1. 作出圆柱与圆柱相贯的投影图。

2. 求作正面投影。

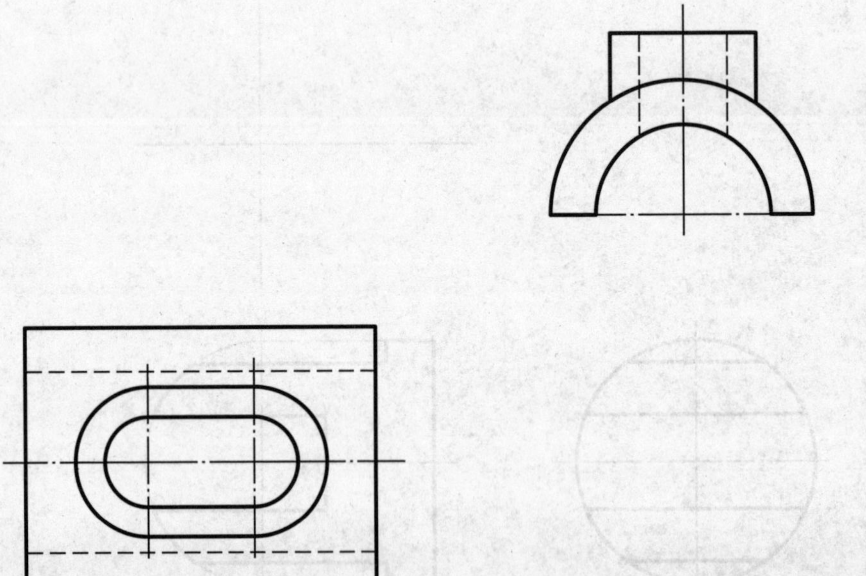

班级

姓名

3. 作出圆柱与圆球偏交的相贯线的投影。

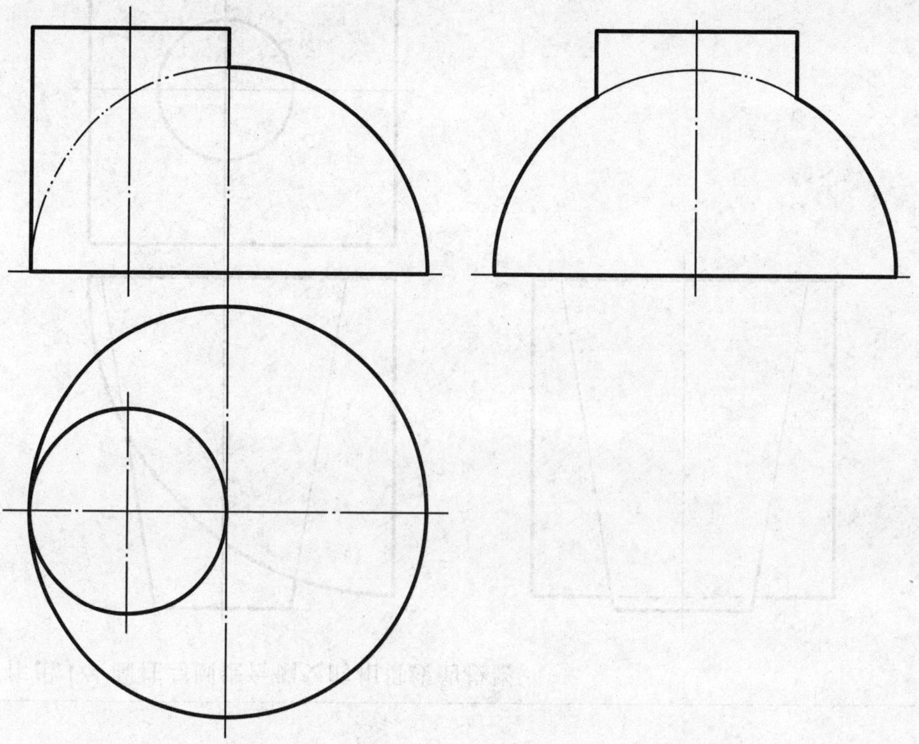

4. 作出两圆柱偏交的相贯线的投影。

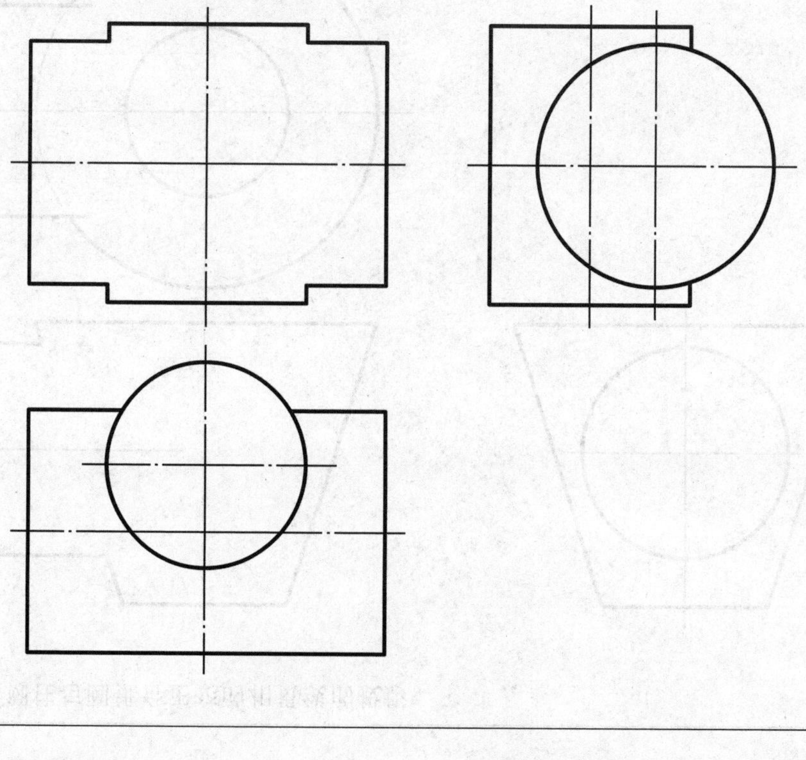

班级　　　　姓名

5. 作出圆柱与圆锥台正交的相贯线的投影。

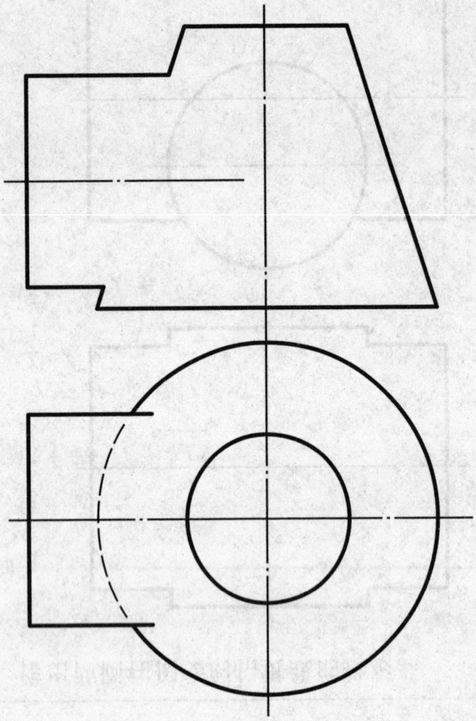

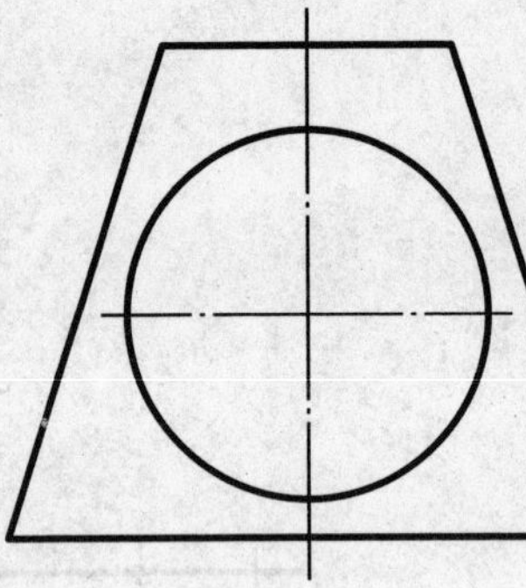

6. 作出 1/4 圆柱与圆锥台偏交的相贯线的投影。

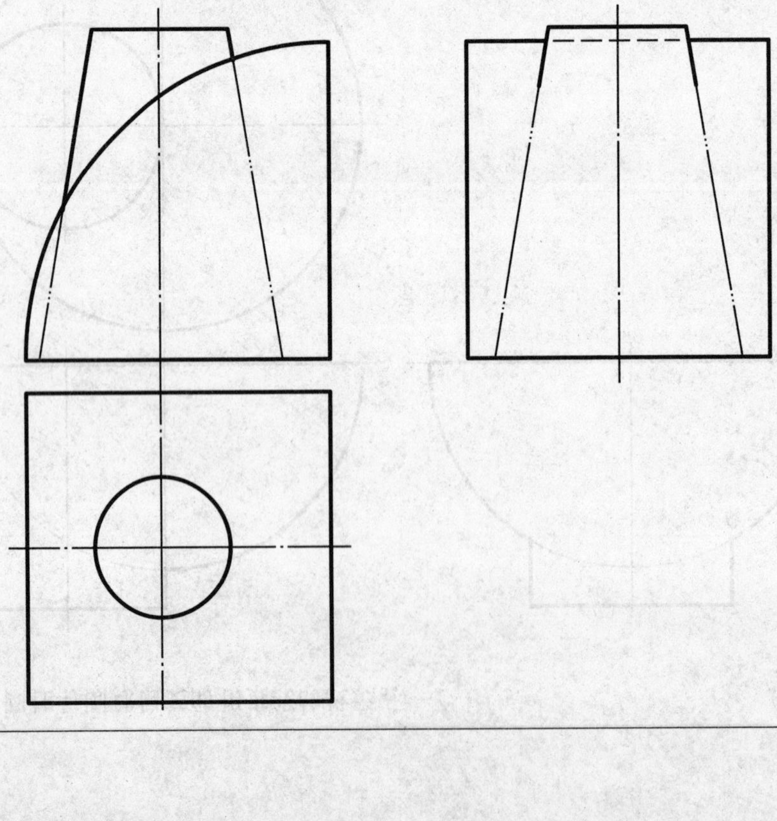

班级　　　　　姓名

7. 作出两等直径正交半圆柱的相贯线的投影。

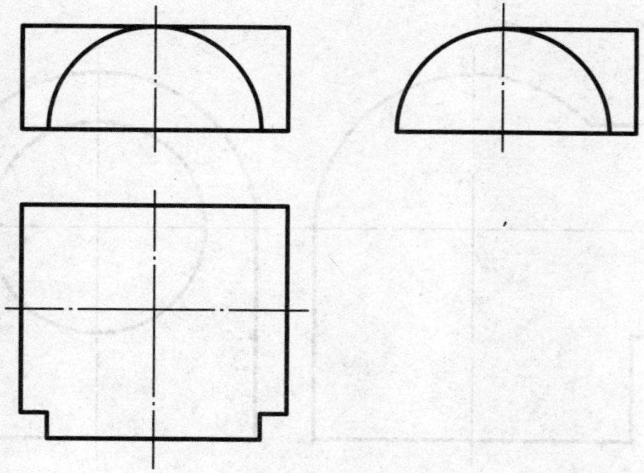

8. 求作圆柱相贯的水平投影。

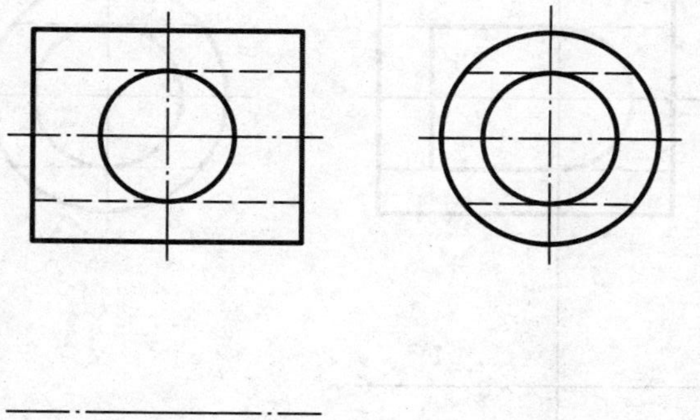

9. 画全侧面投影。

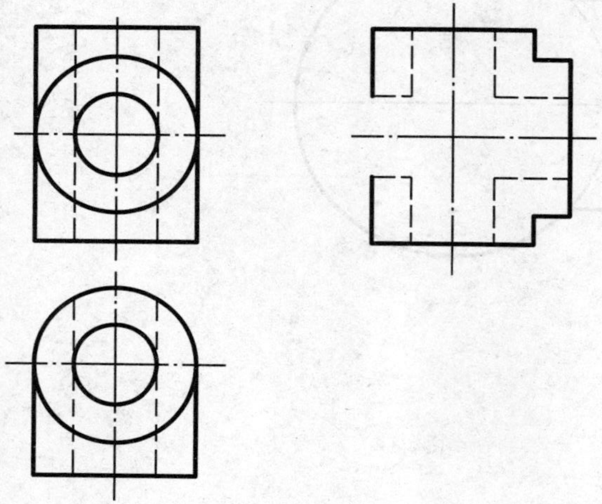

10. 画全正面投影，并作出水平投影。

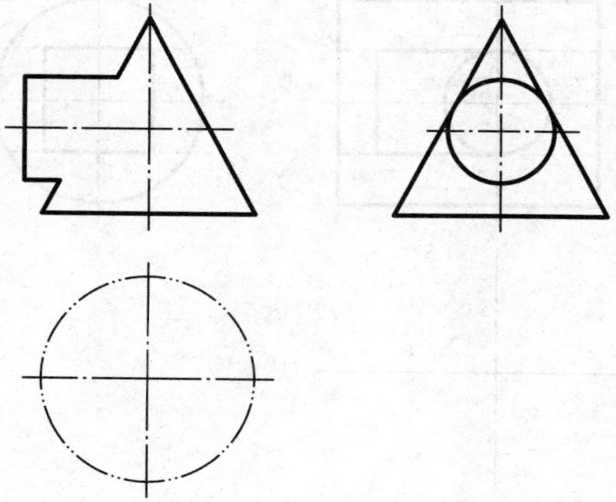

班级　　　　　姓名

11. 求作水平投影。

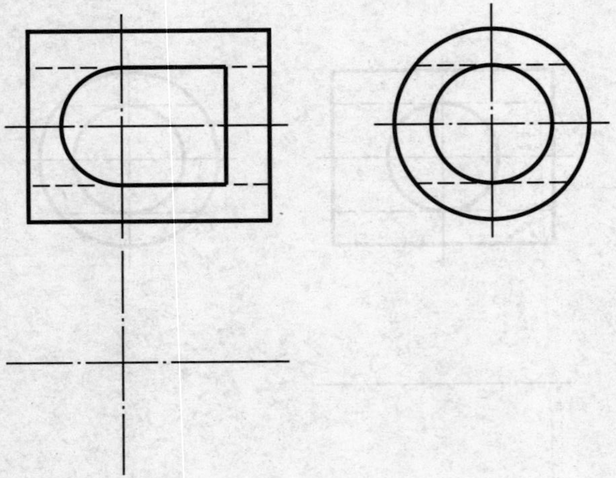

12. 求作水平投影。

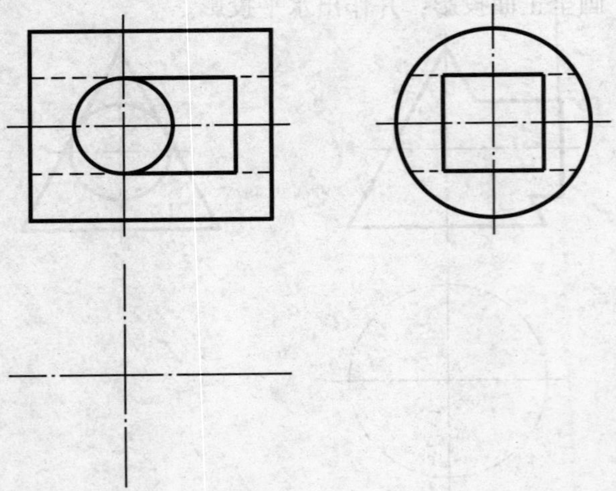

13. 作出半圆球与两圆柱相交的相贯线的投影。

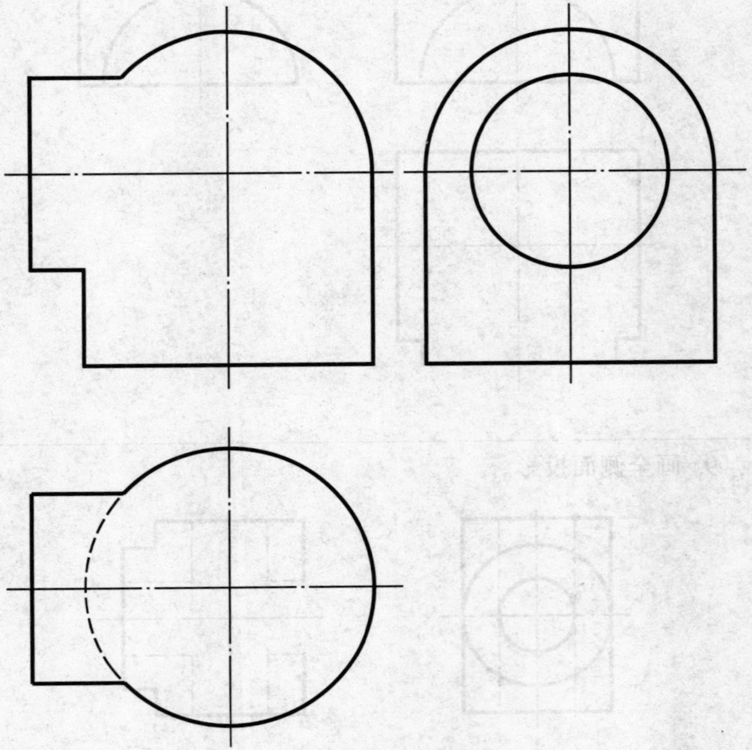

班级　　　　姓名

14. 作出圆锥与球面偏交的相贯线的投影。

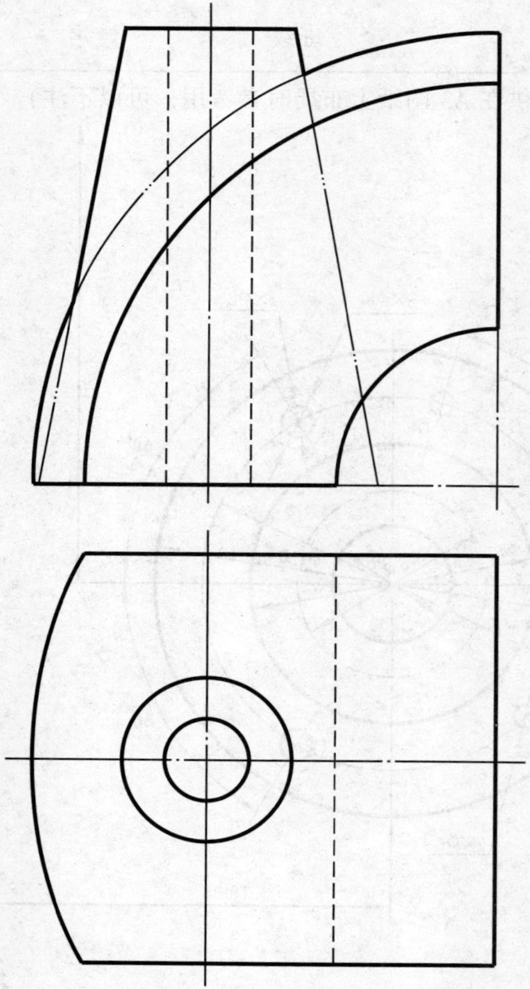

15. 求作内外相贯线，补全侧面投影。

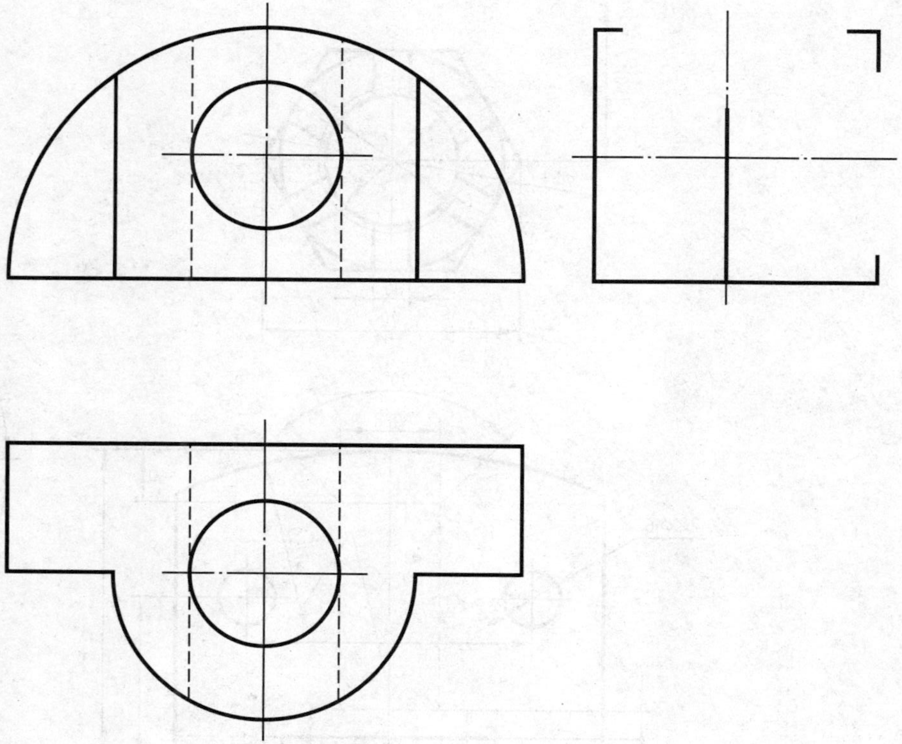

第 8 章　制图基本知识

8-1　几何作图及尺寸注法　　　　班级　　　　姓名

1. 在 A3 图纸上，用 1:1 的比例画出下列图形，并标注尺寸（图中带括号的尺寸供在 A3 图纸上布局时参考用，可以不注）。

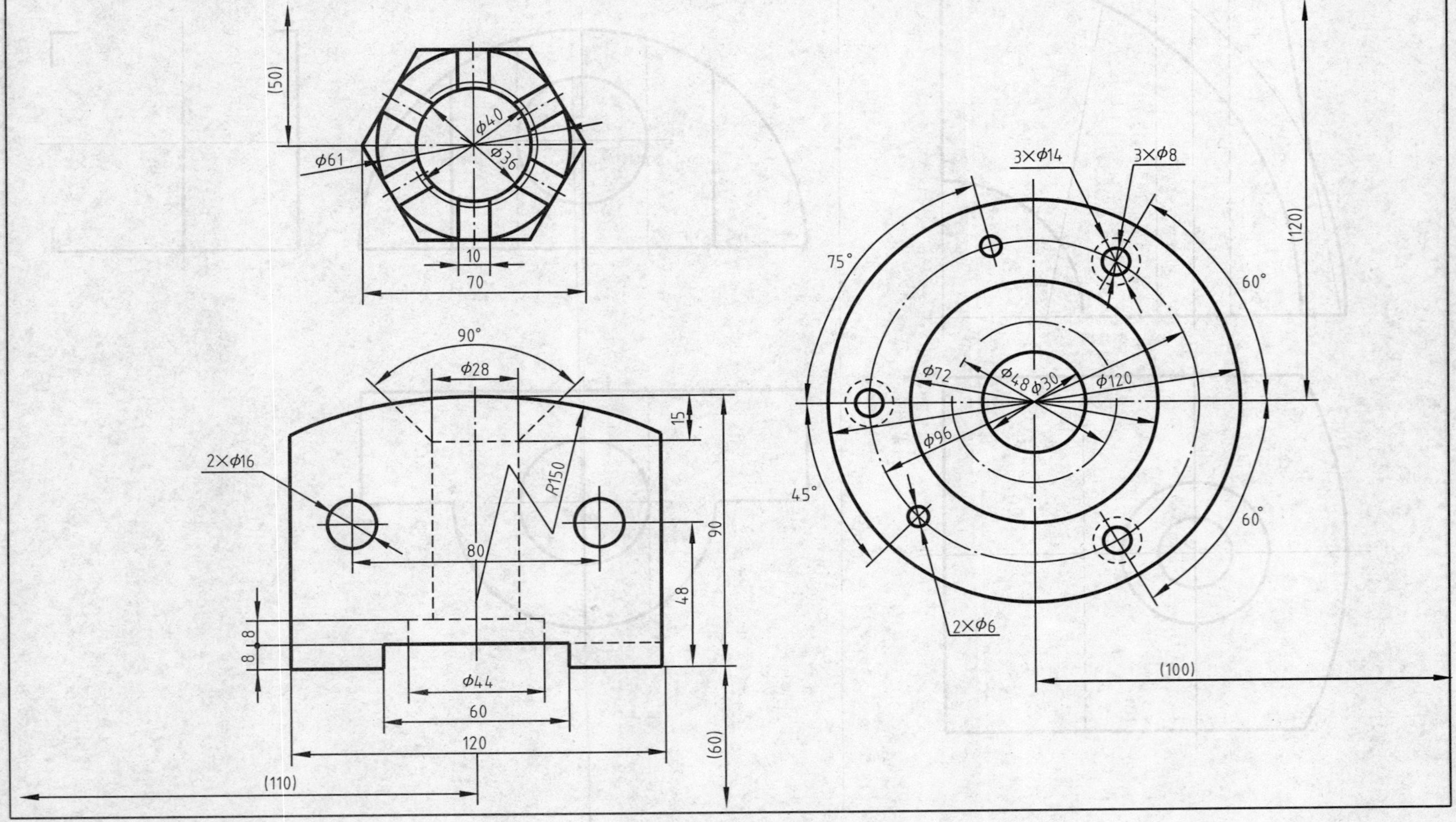

2. 按小图上所标的锥度和斜度，完成大图（比例 1:1）。

（1）斜度

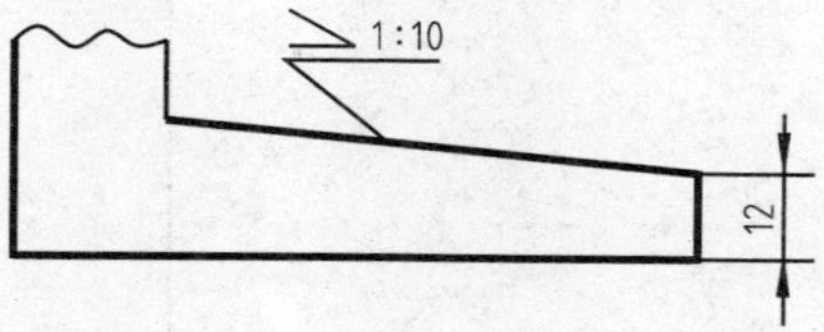

（2）锥度

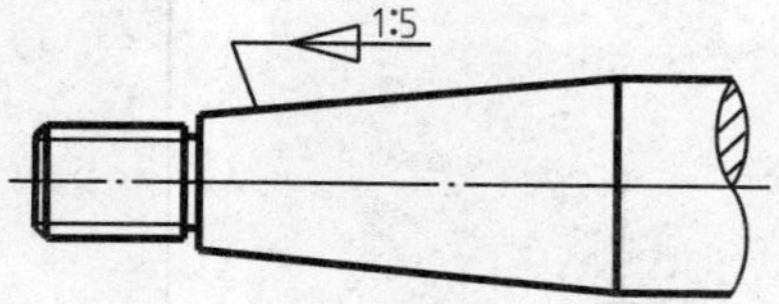

3. 按小图的示例在给定位置完成平面图形。（比例 1:1）

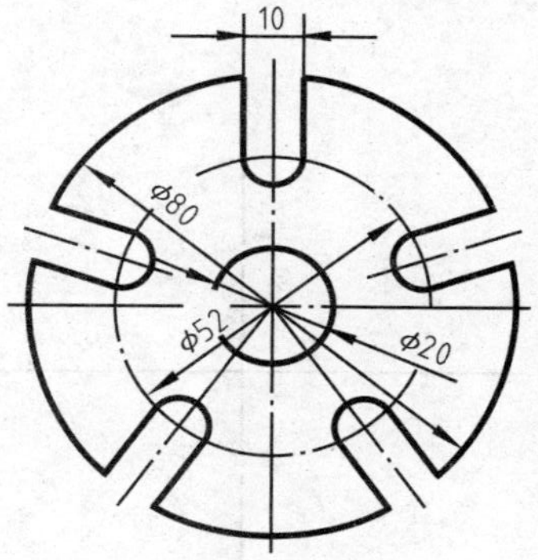

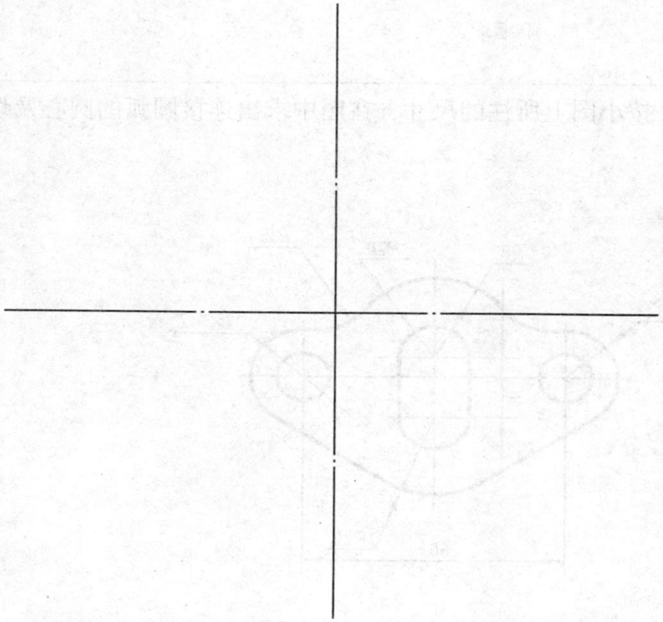

4. 按椭圆长短轴尺寸 1:1 的比例，分别用同心圆法及四心圆法画椭圆。

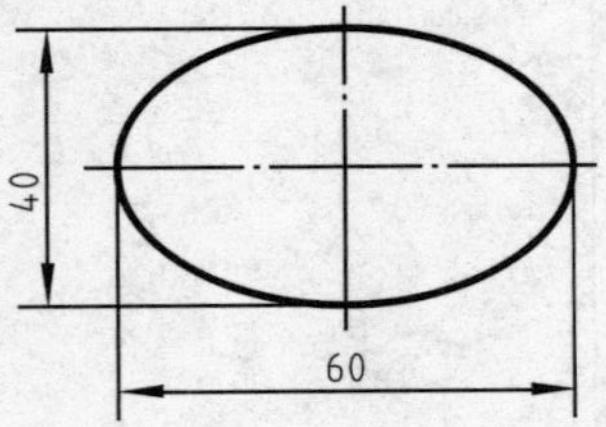

同心圆法

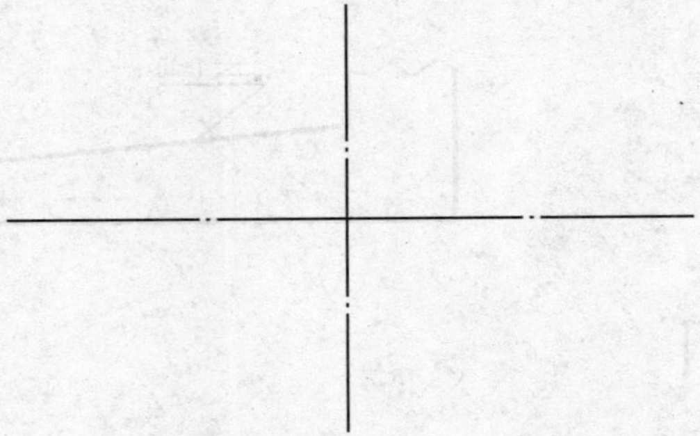

四心圆法

5. 按小图上所注的尺寸，在图中求出连接圆弧的圆心及切点，用 1:1 的比例完成该图形。

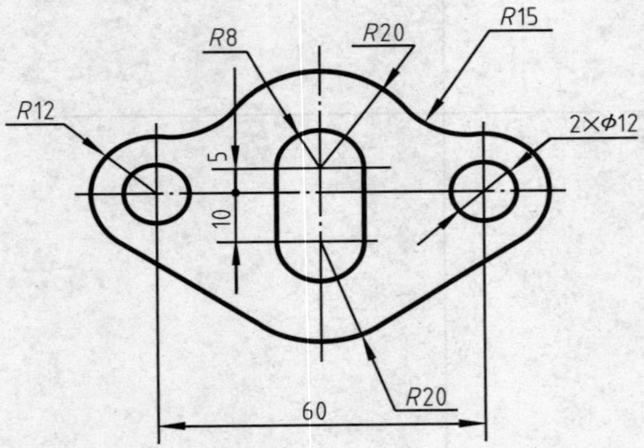

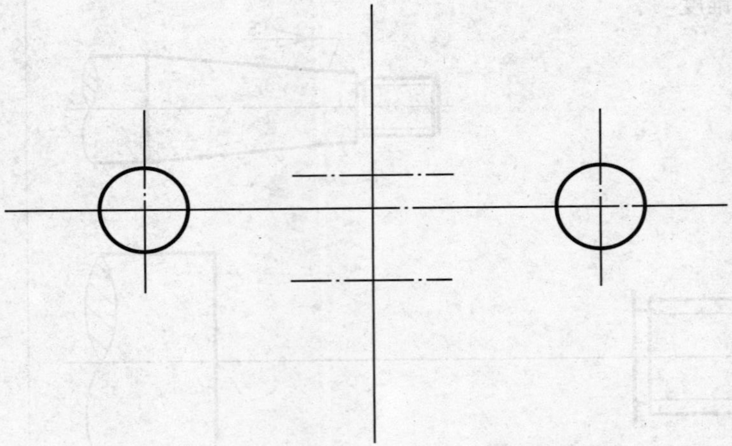

6. 根据国家标准的规定，标注下列两图形的尺寸（尺寸数值直接从图上量取，取整数）。

(1)

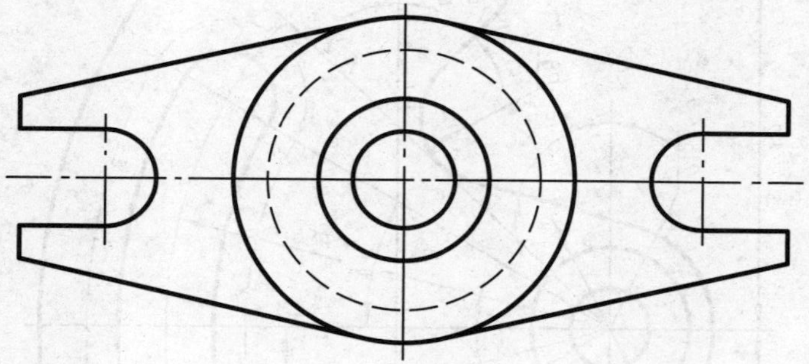

(2)

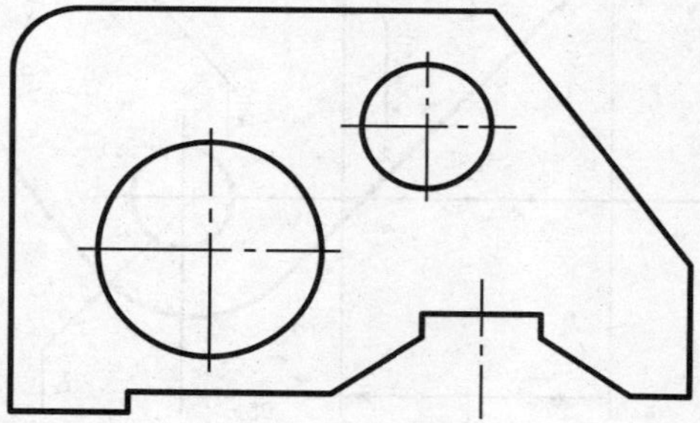

7. 改正该图形中尺寸注法不符合标准的错误（带 * 号者）。

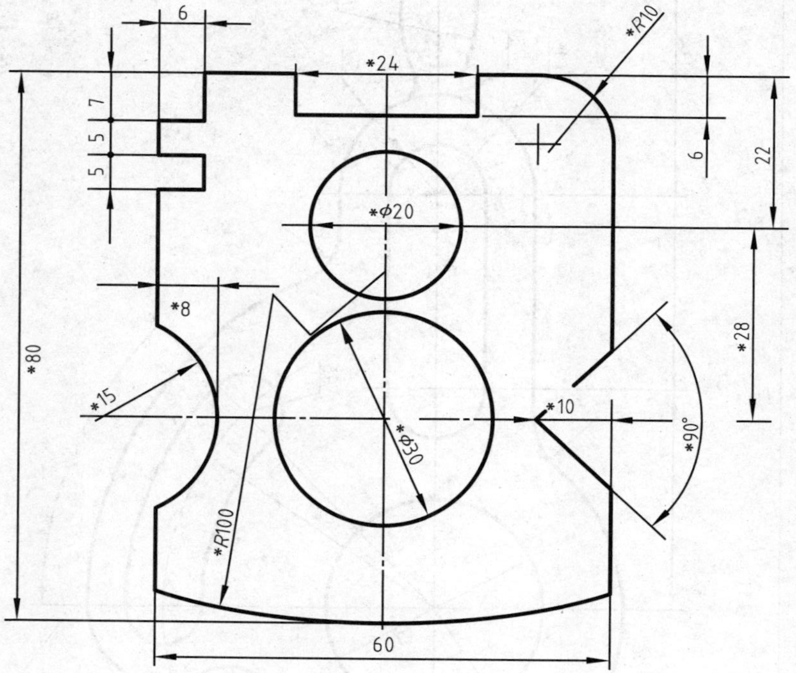

8. 在 A3 图纸上，用 2:1 的比例作出下列图形，并标注尺寸。

(1)

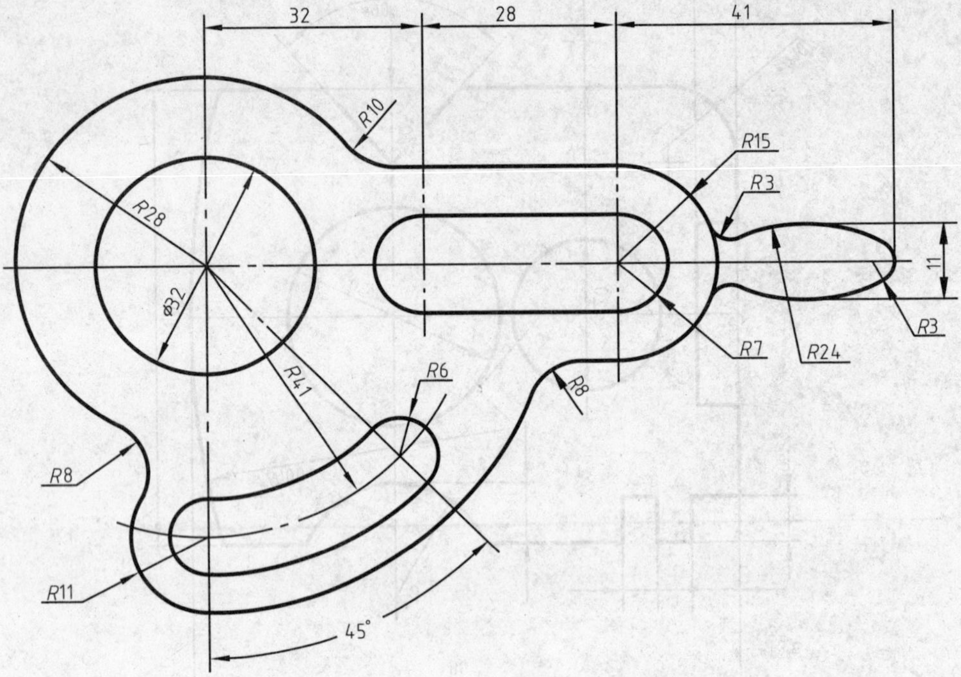

(2)

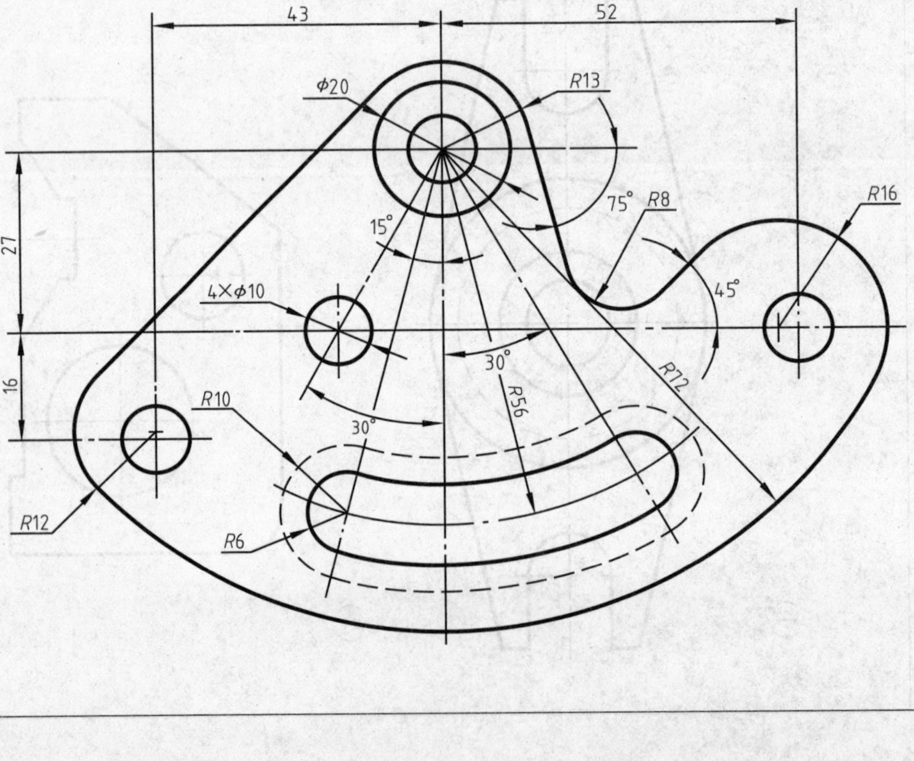

班级

姓名

第 9 章　组合体的视图

9-1　由轴测图读三视图

班级　　　　姓名

1. 看懂下列各轴测图，在下页图中找出所对应的三视图，并将对应序号填写在下页图中。

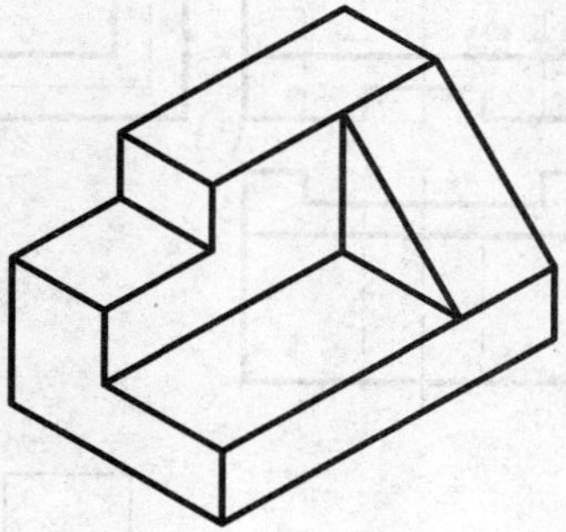

1

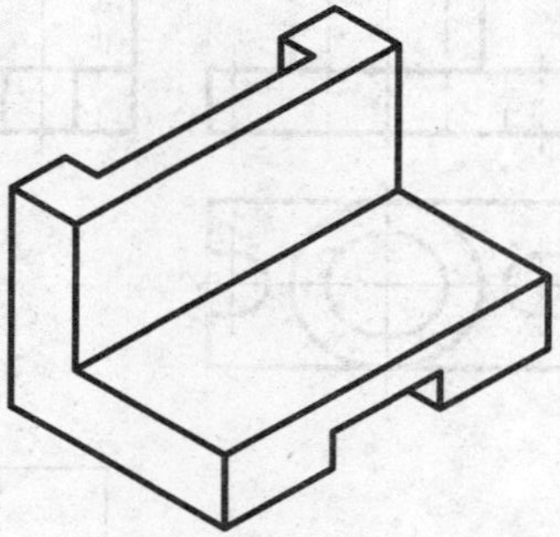

2

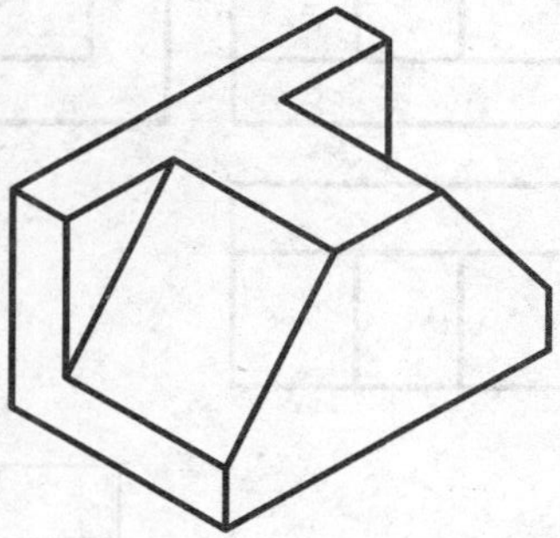

3

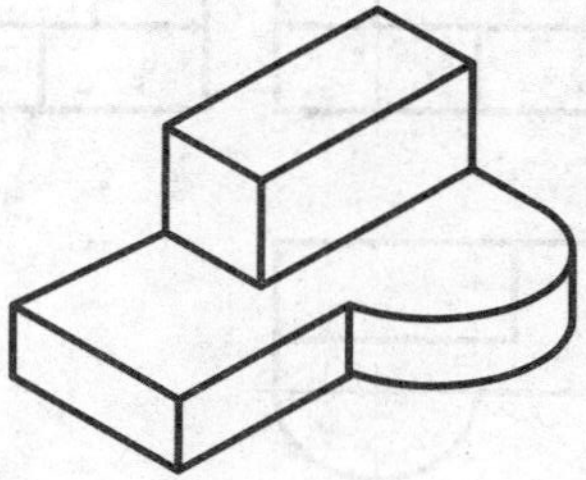

4

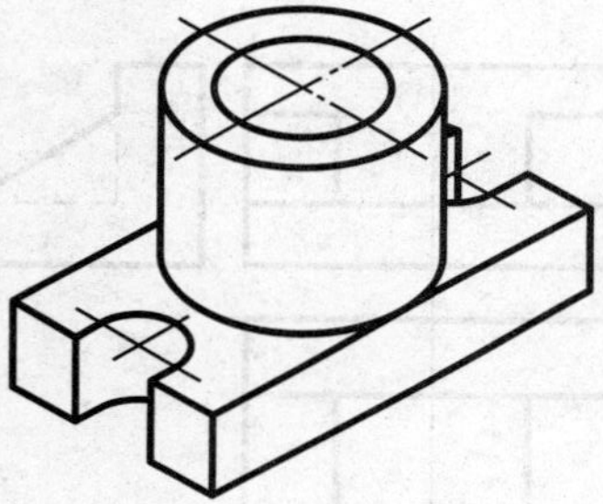

5

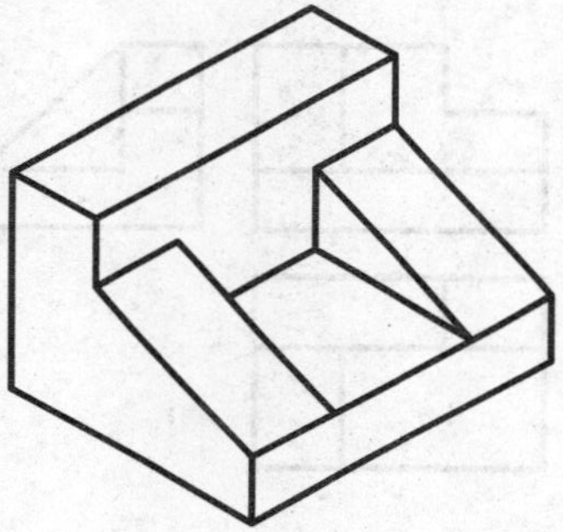

6

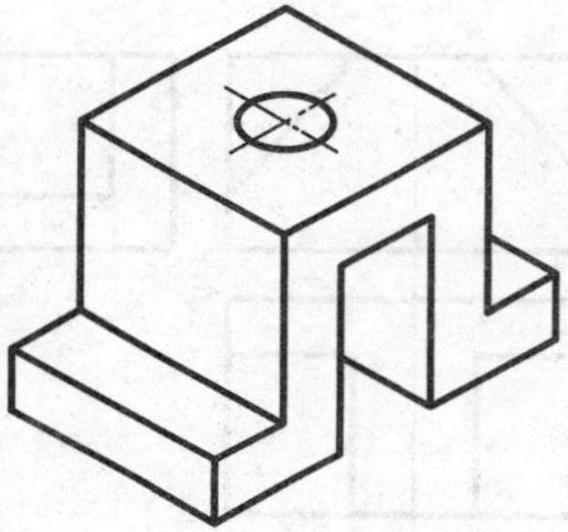

7

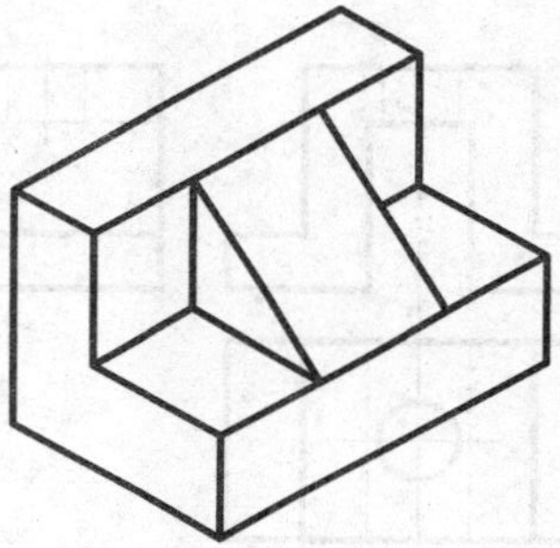

8

班级　　　　　　姓名

根据上页图的轴测图，找出相对应的三视图。

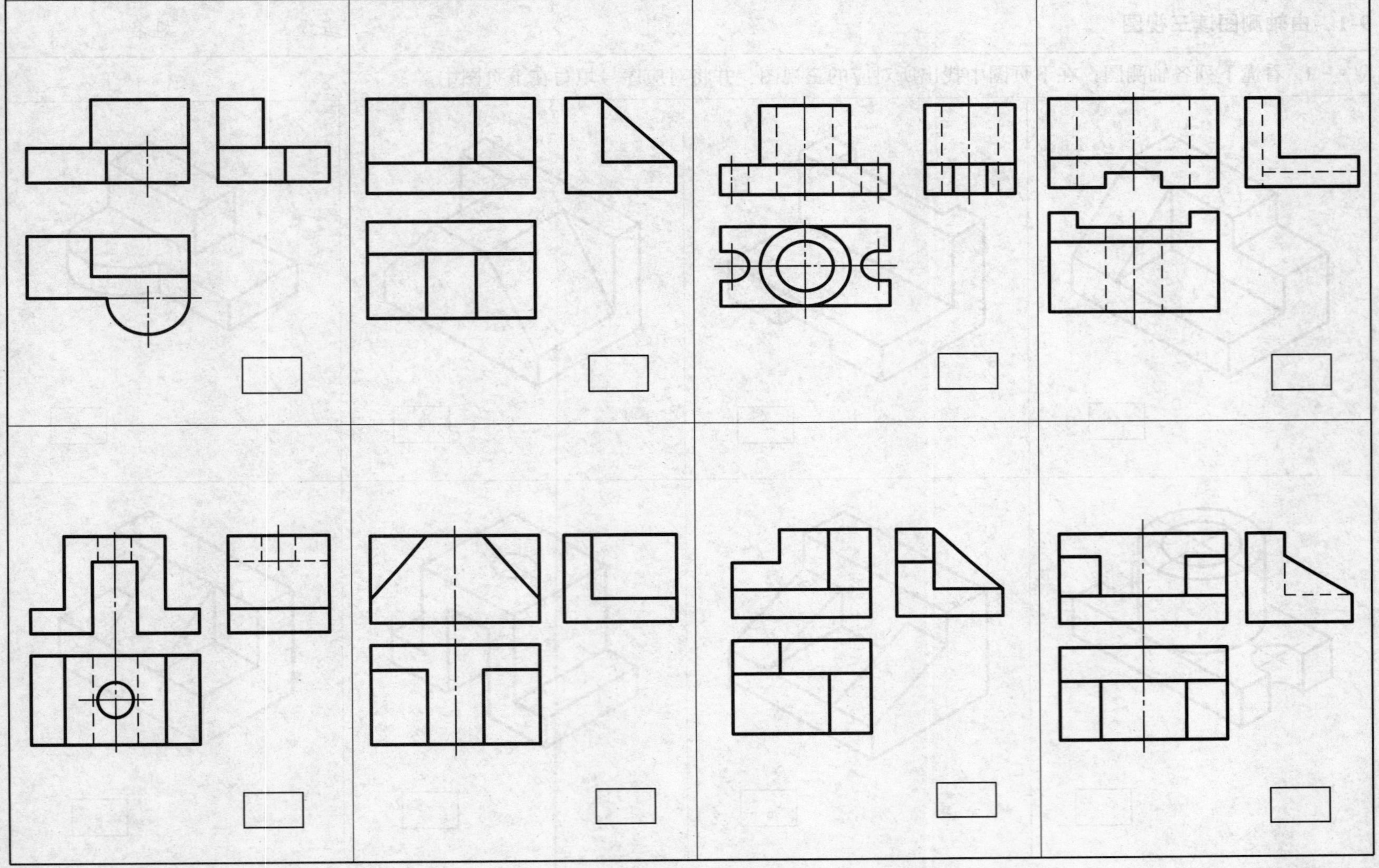

2. 根据给出的轴测图上的尺寸画三视图。

(1)

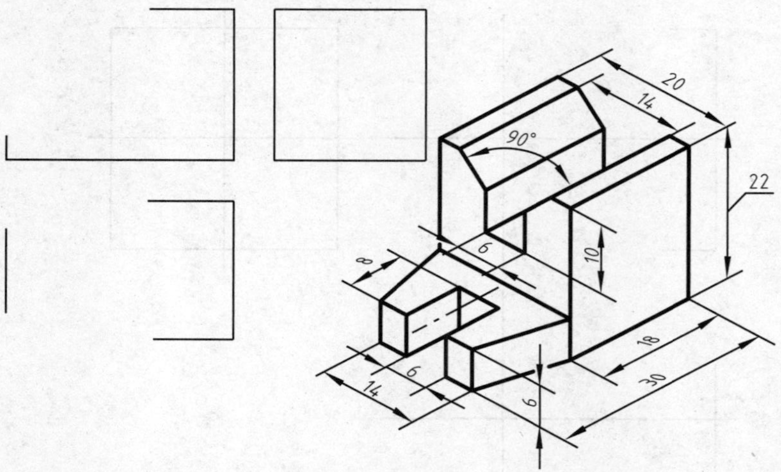

(2)

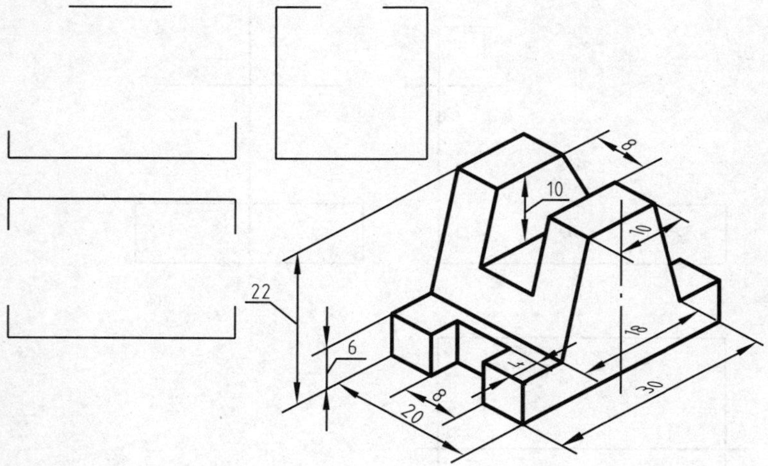

(3)

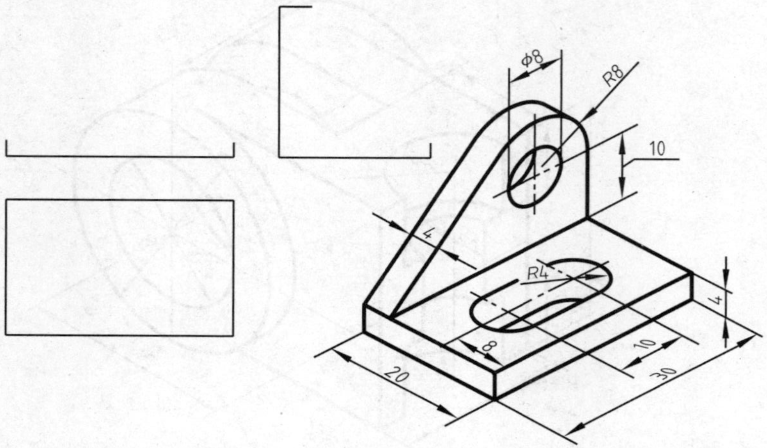

(4)

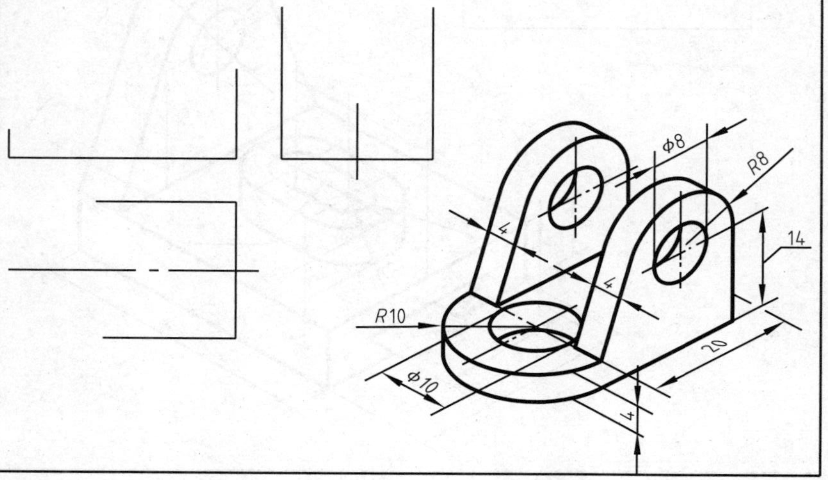

3. 根据给出的轴测图上的尺寸画三视图。

(1)

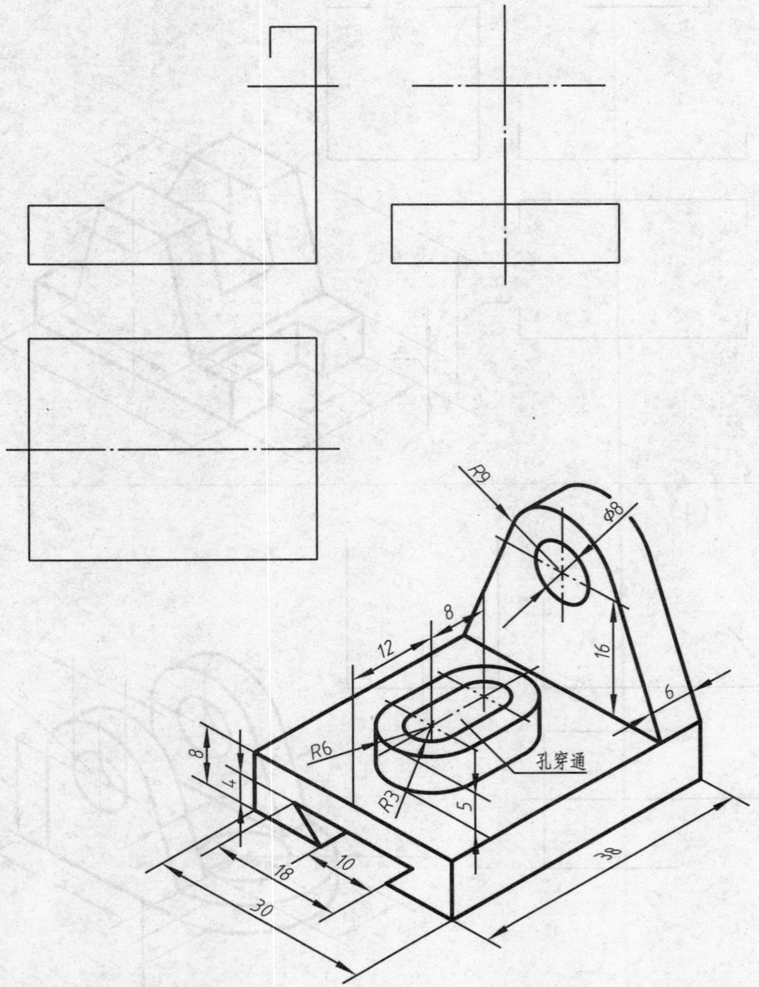

(2)

4. 根据轴测图补齐三视图中所缺的线条。

（1）

（2）

（3）

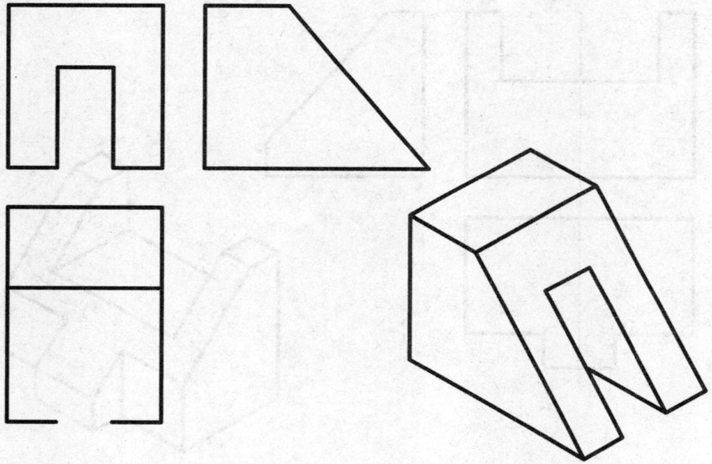

（4）

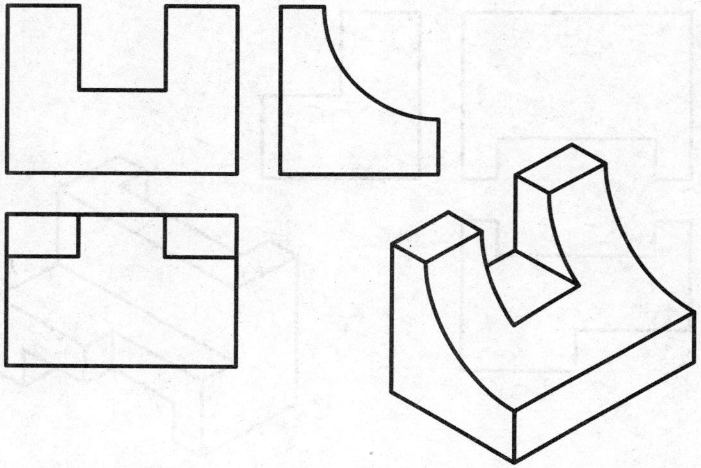

班级　　　　　　姓名

5. 根据轴测图补齐三视图所缺的线条。

(1)

(2)

(3)

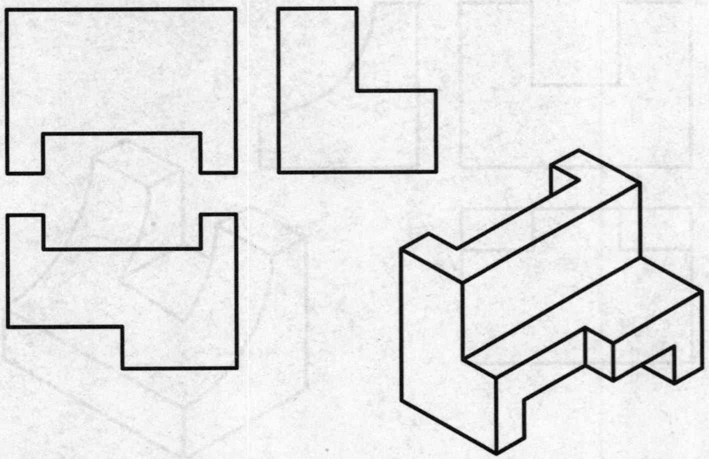

(4)

6. 根据轴测图，补齐已给主、俯视图上所缺的线条，并补画左视图。

（1）

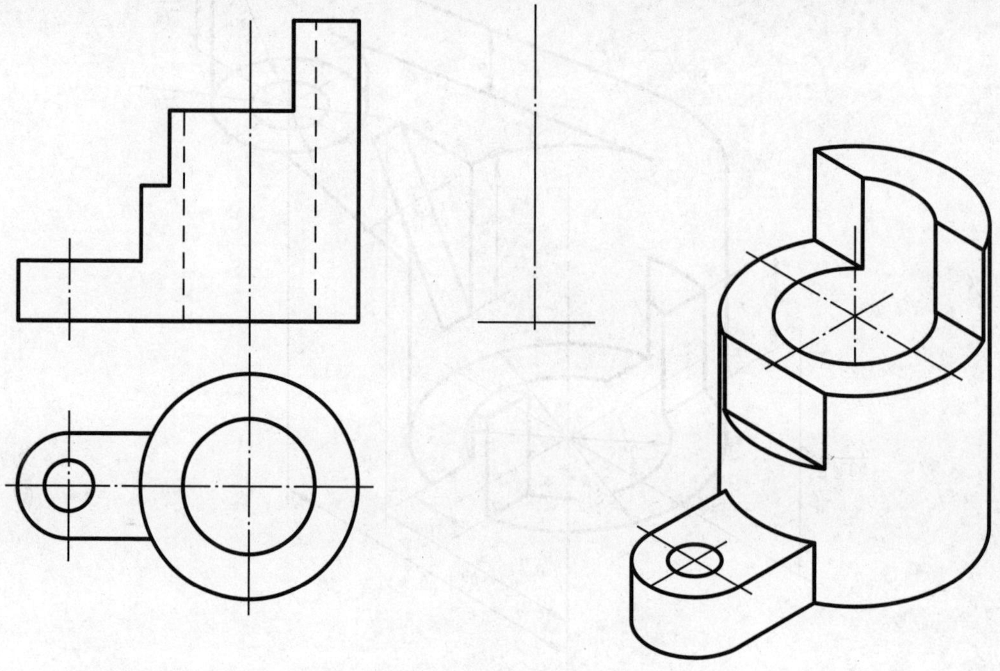

（2）

班级 姓名

7. 在 A3 图纸上，用1:1 的比例，根据轴测图画出三视图并标注尺寸。

（1）

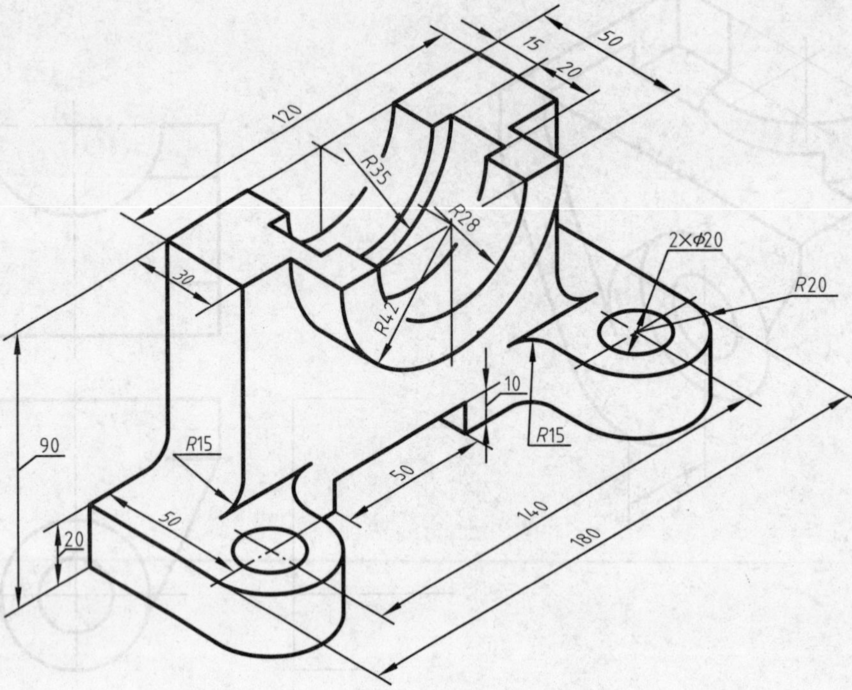

（2）

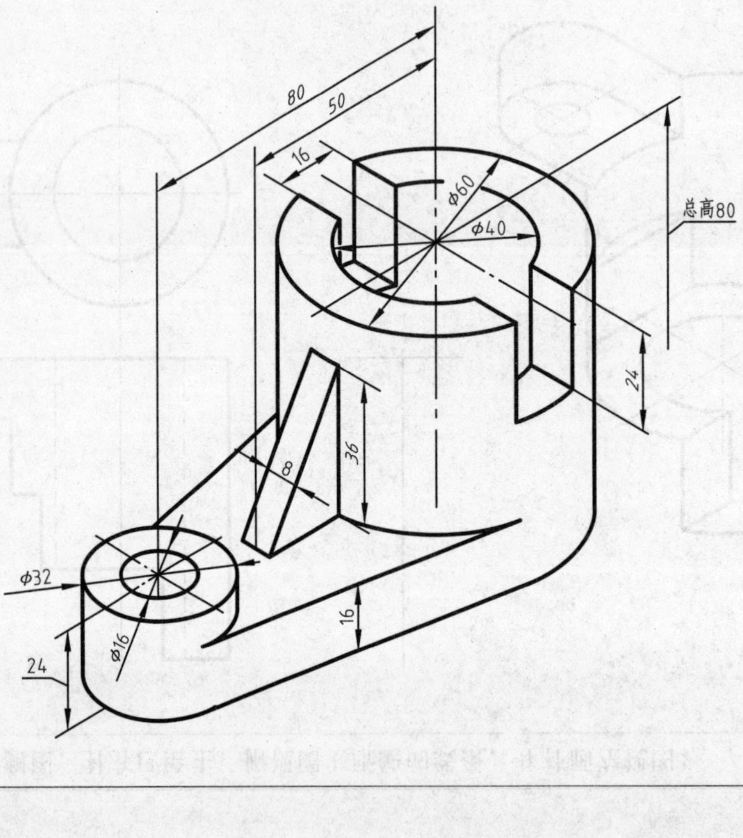

班级　　姓名

8. 在 A3 图纸上，用 1:1 的比例，根据轴测图画出三视图并标注尺寸。

（1）

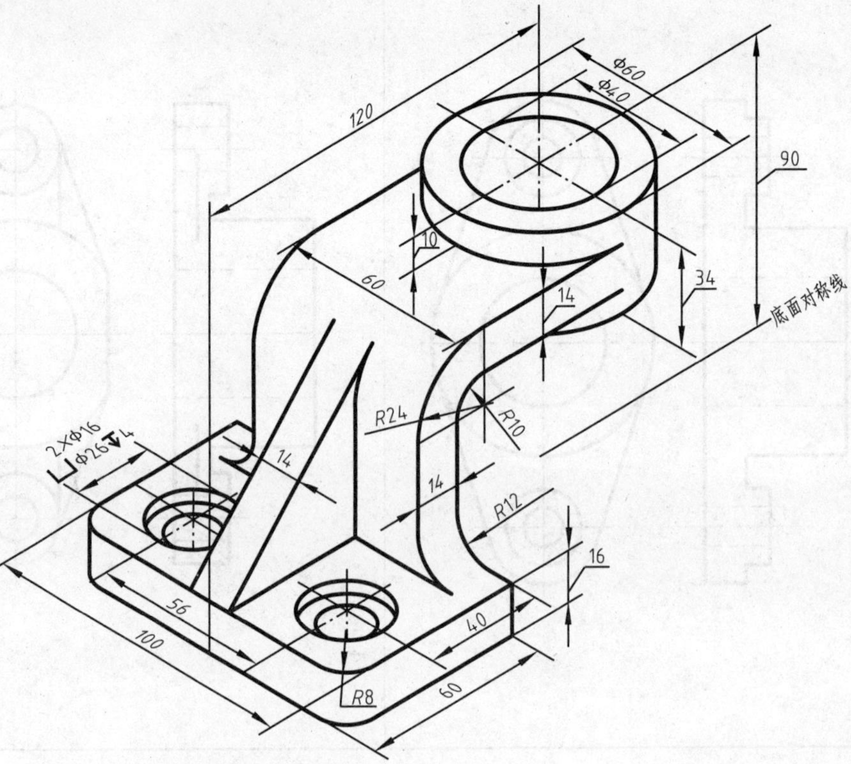

（2）

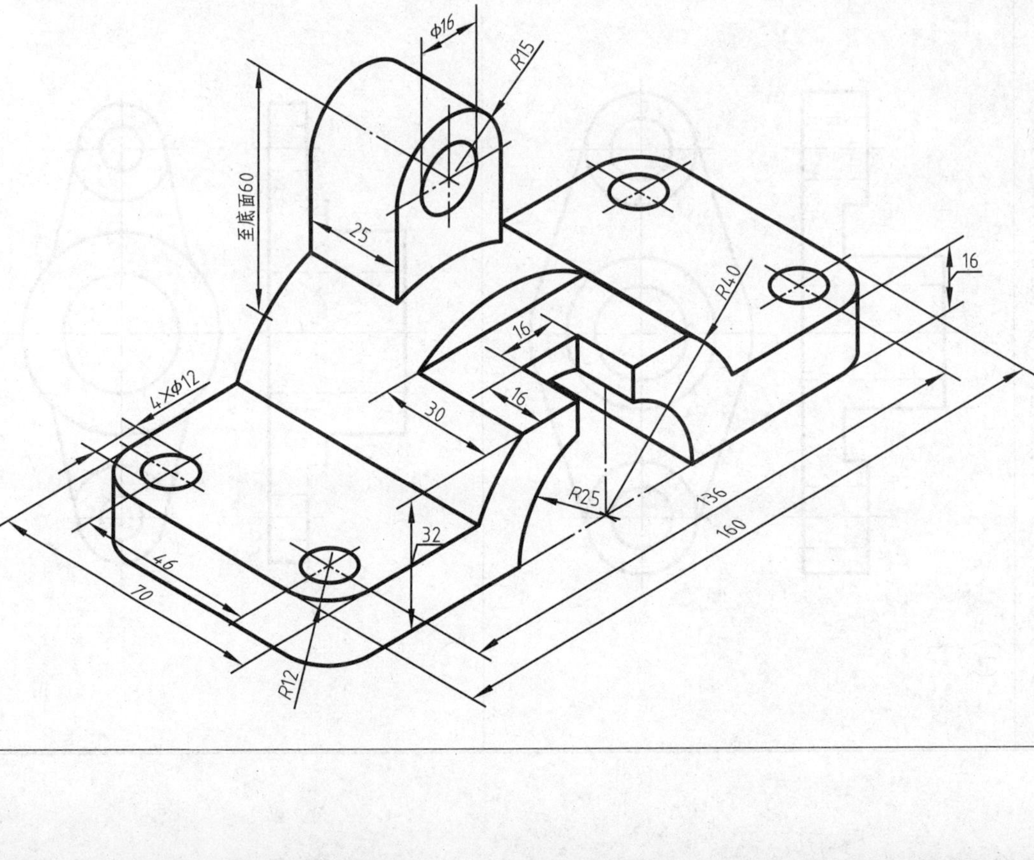

班级　　姓名

9. 分析图形形状的变化，补齐视图中所缺的线。

(1)

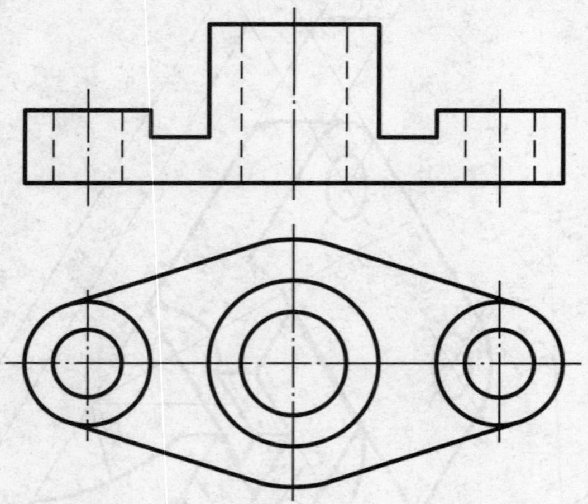

(2)

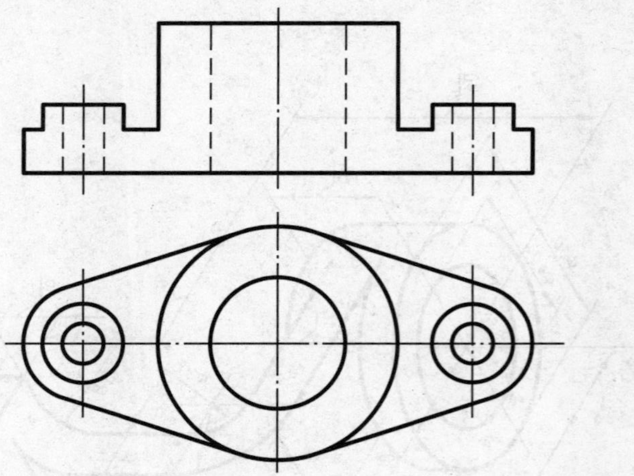

(3)

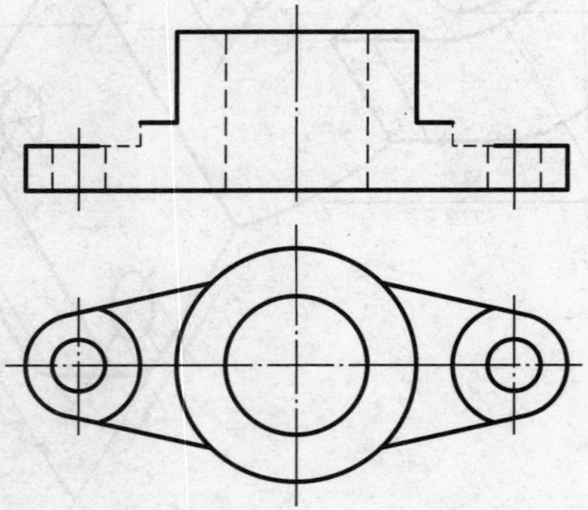

(4)

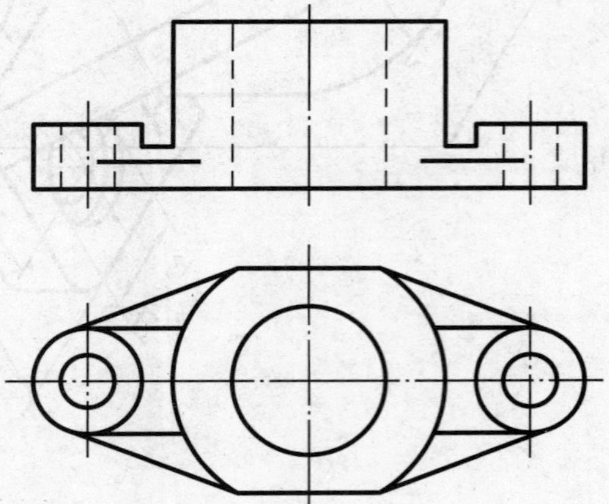

10. 补画出三视图中所缺的线。

(1)

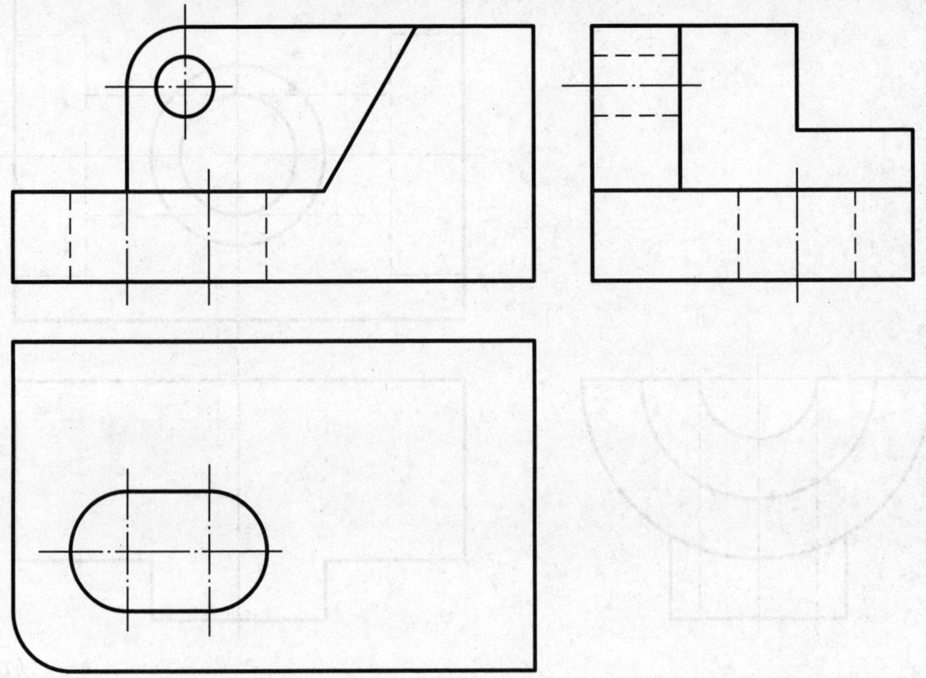

(2)

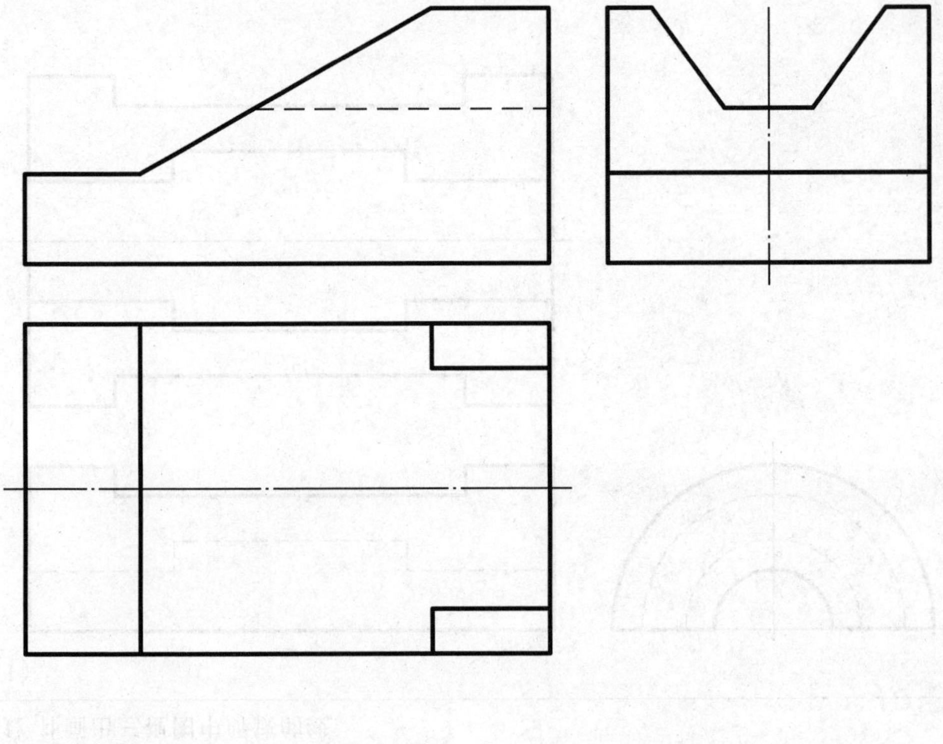

班级　　　　姓名

11. 补画出三视图中所缺的线。

(1)

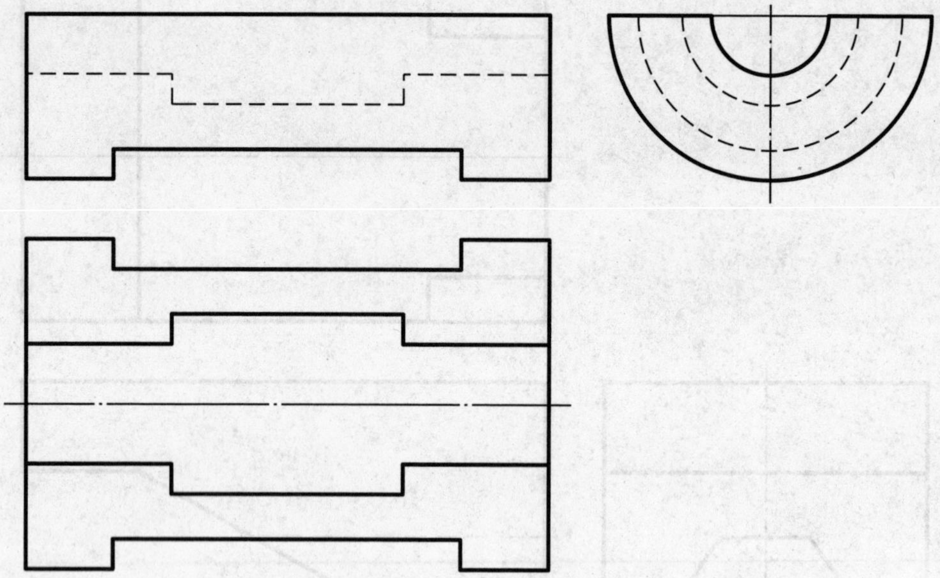

(2)

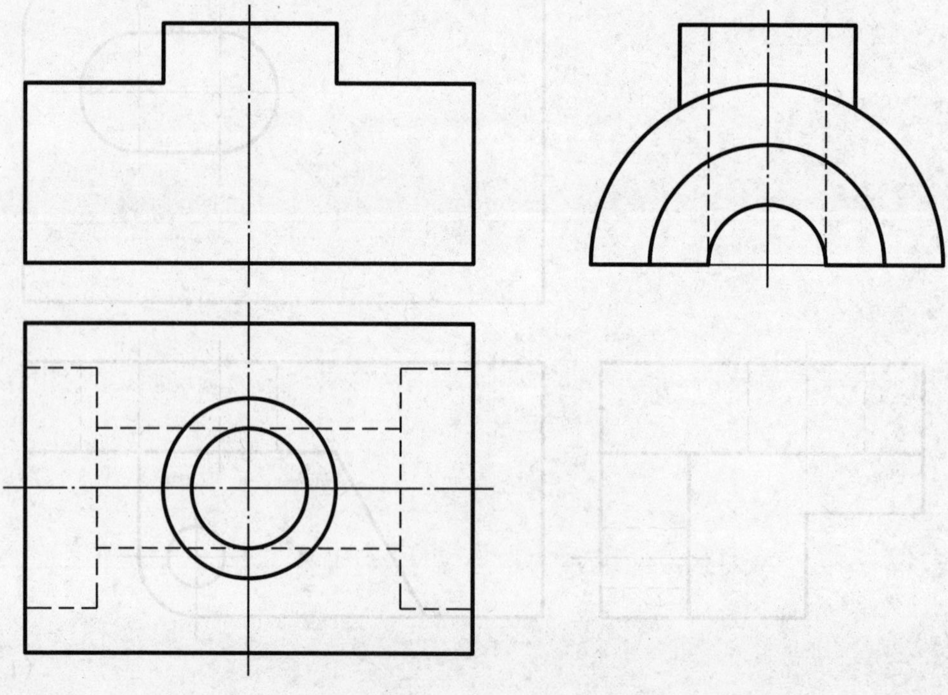

班级　　　　姓名

12. 根据两视图想象出立体形状，并补画出另一视图。

（1）

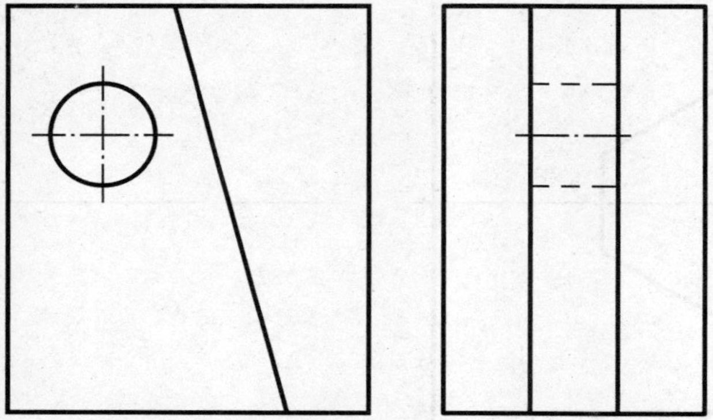

（2）

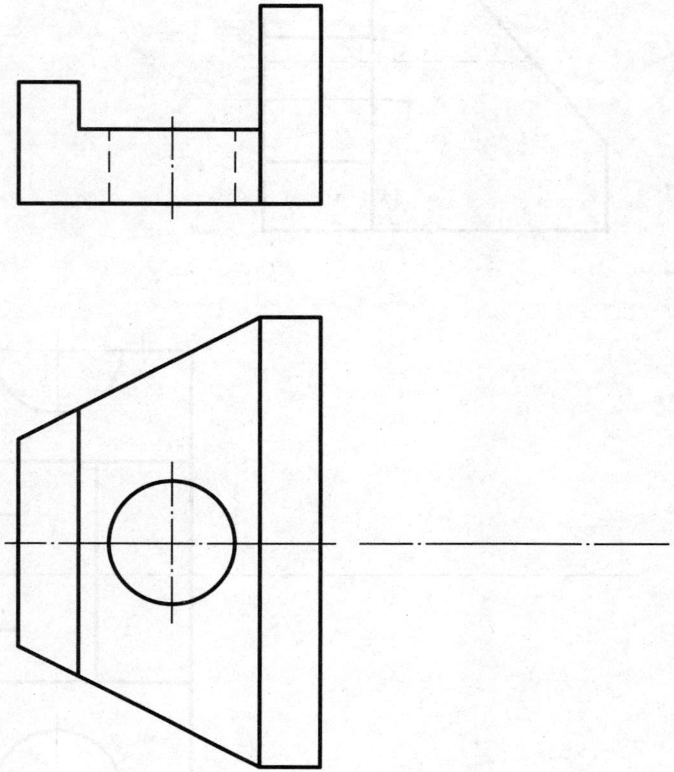

13. 根据两视图想象出立体形状，并补画出另一视图。

（1）

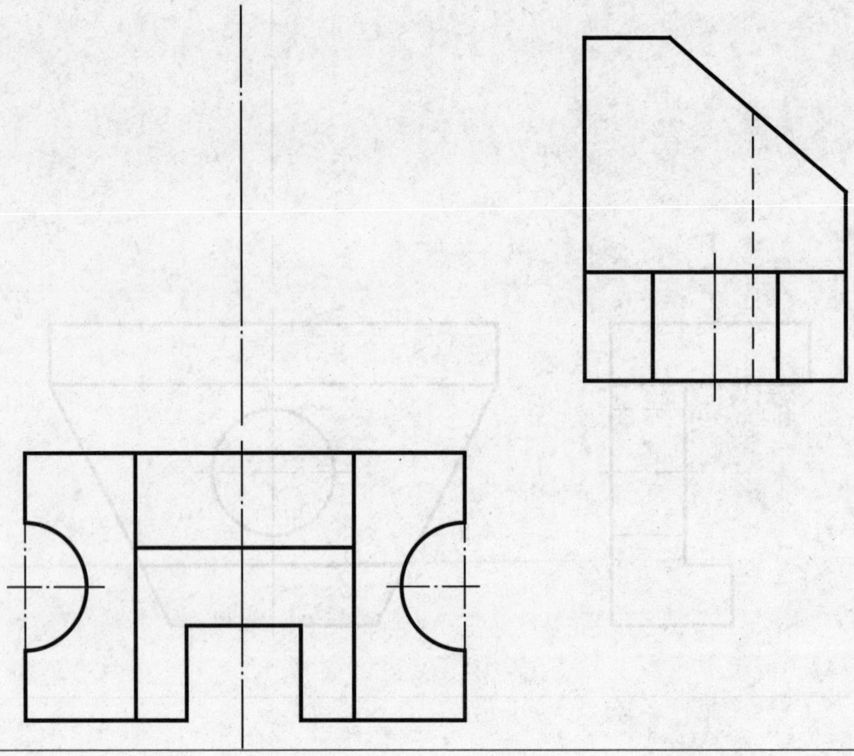

（2）

班级

姓名

14. 根据两视图想象出立体形状，并补画出另一视图。

(1)

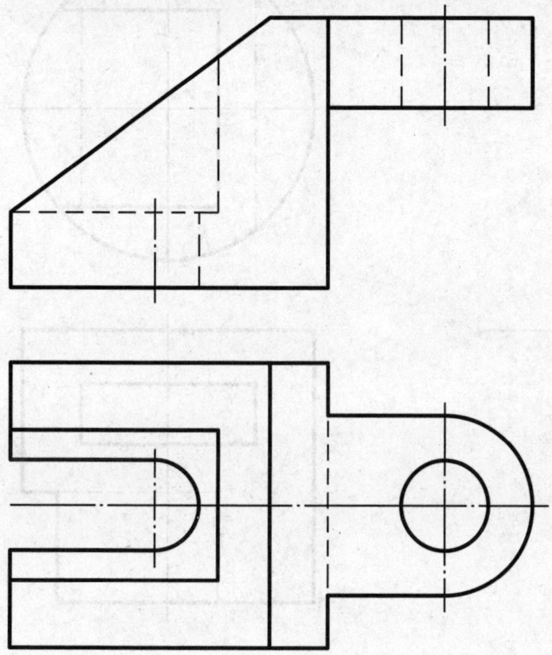

(2)

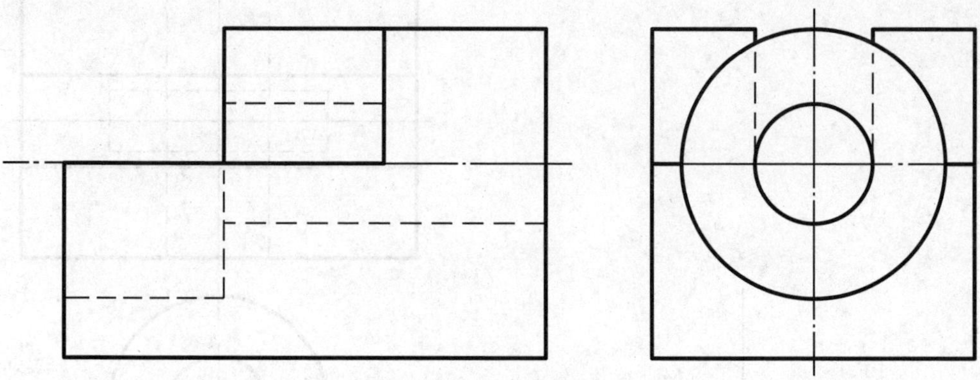

班级　　姓名

15. 根据两视图想象出立体形状，并补画出另一视图。

(1)

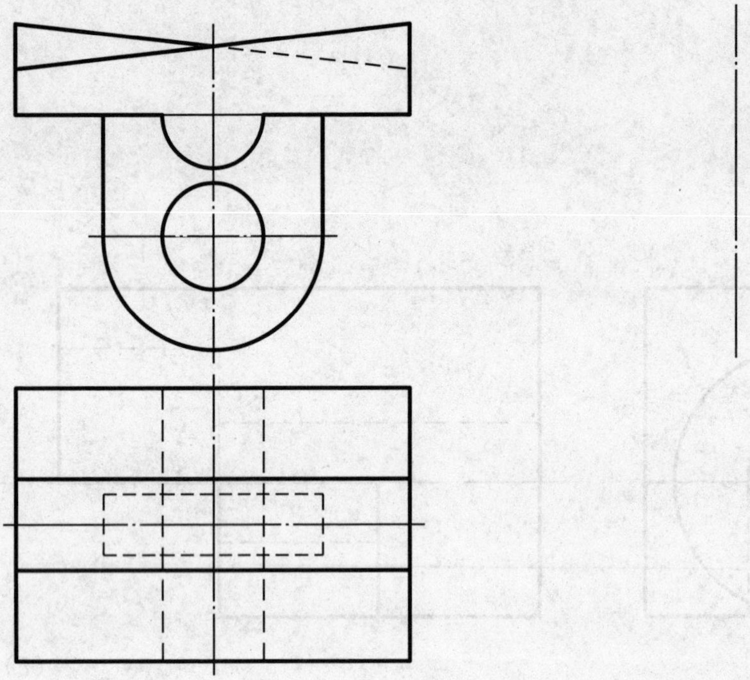

(2)

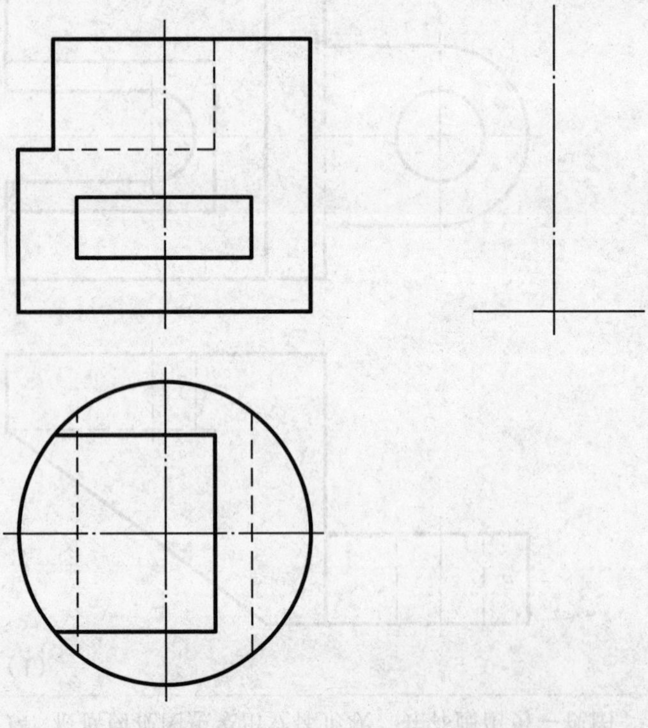

班级　　姓名

16. 根据两视图想象出立体形状，并补画出另一视图。

(1)

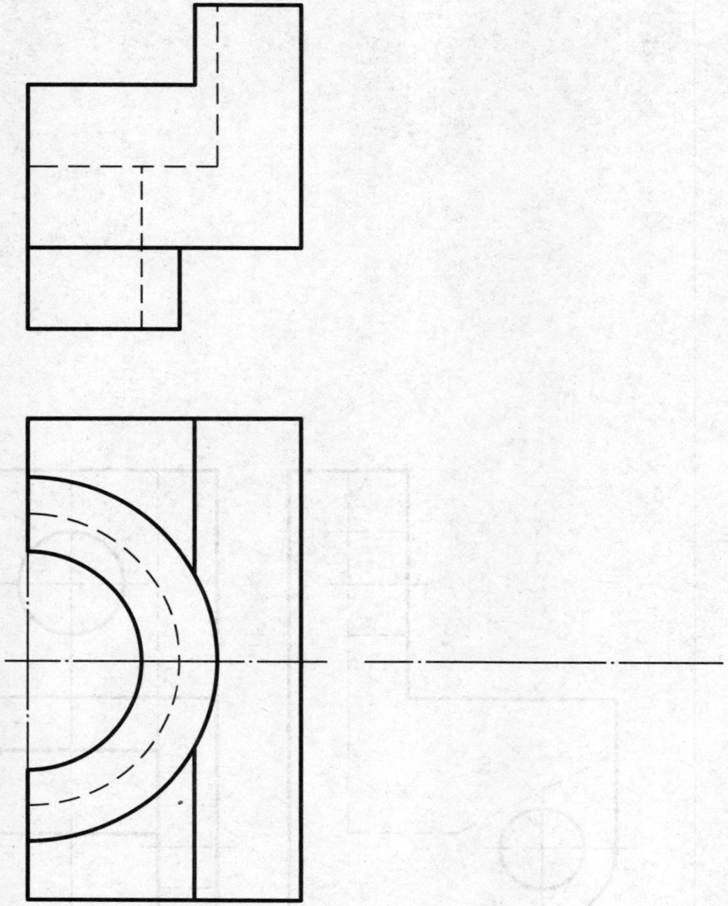

(2)

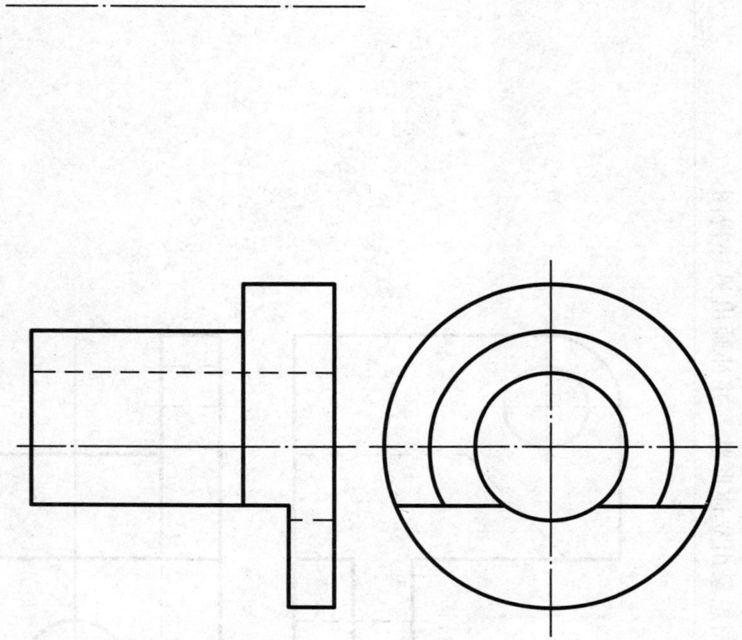

17. 根据两视图想象出立体形状，并补画出另一视图。

(1)

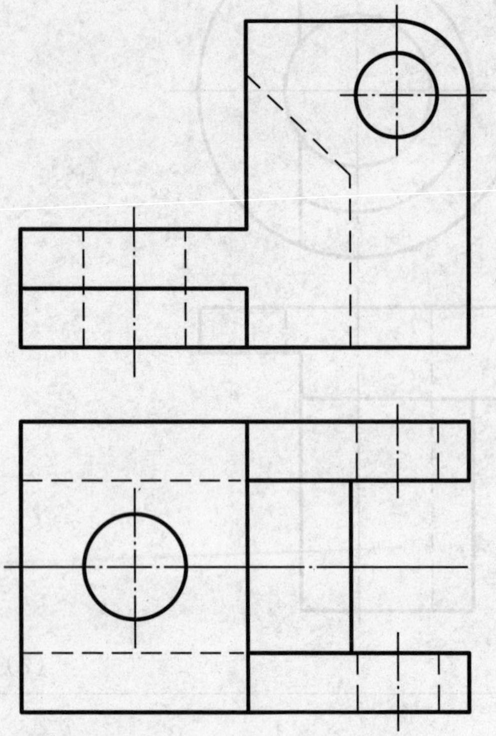

(2)

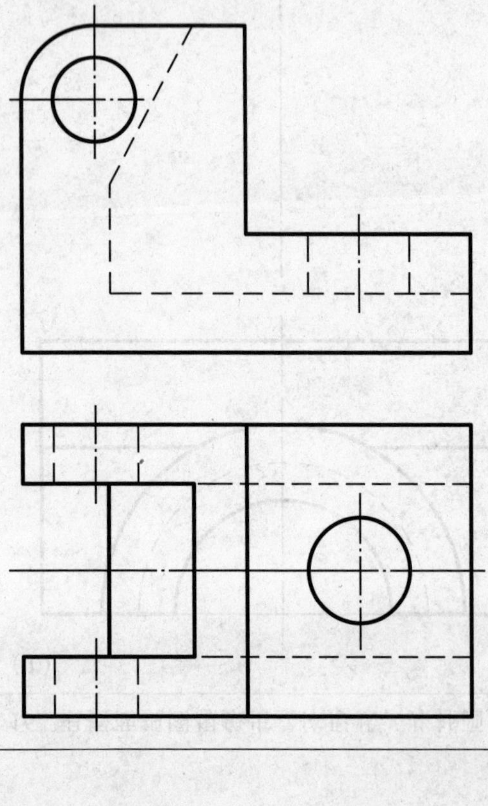

班级

姓名

班级　　　　姓名

18. 根据两视图想象出立体形状，并补画出左视图。

（1）

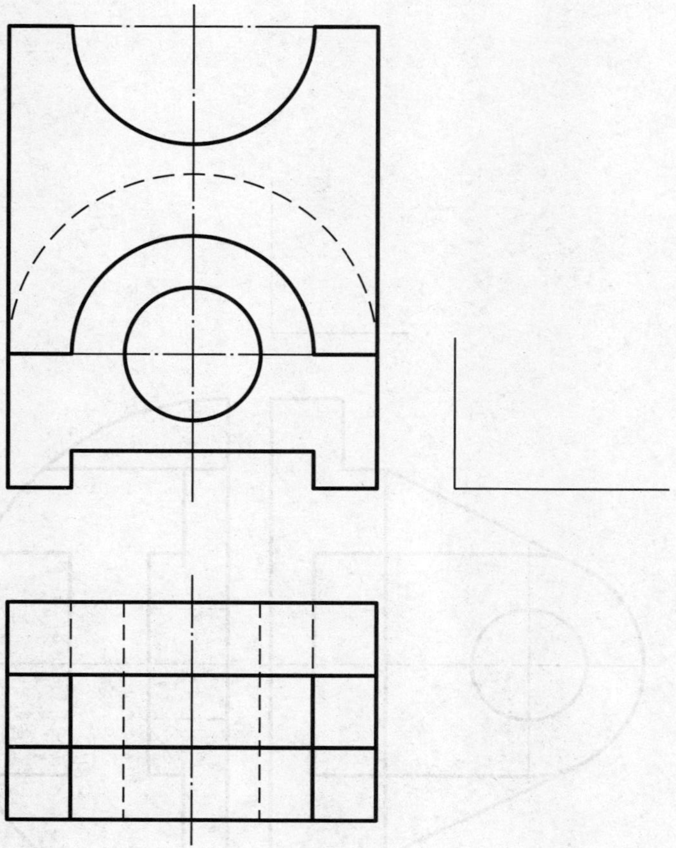

（2）

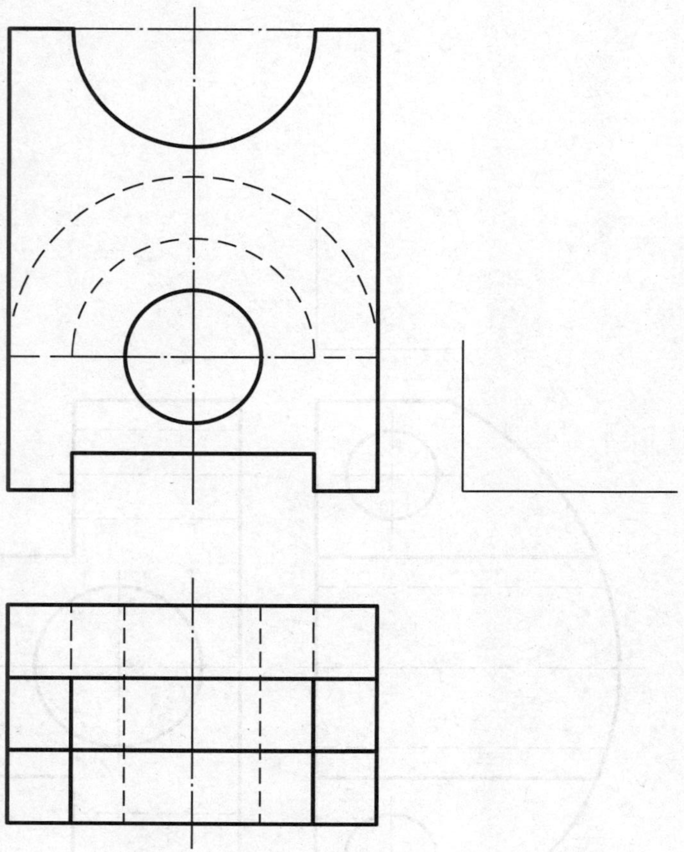

19. 根据两视图想象出立体形状，并补画出另一视图。

(1)

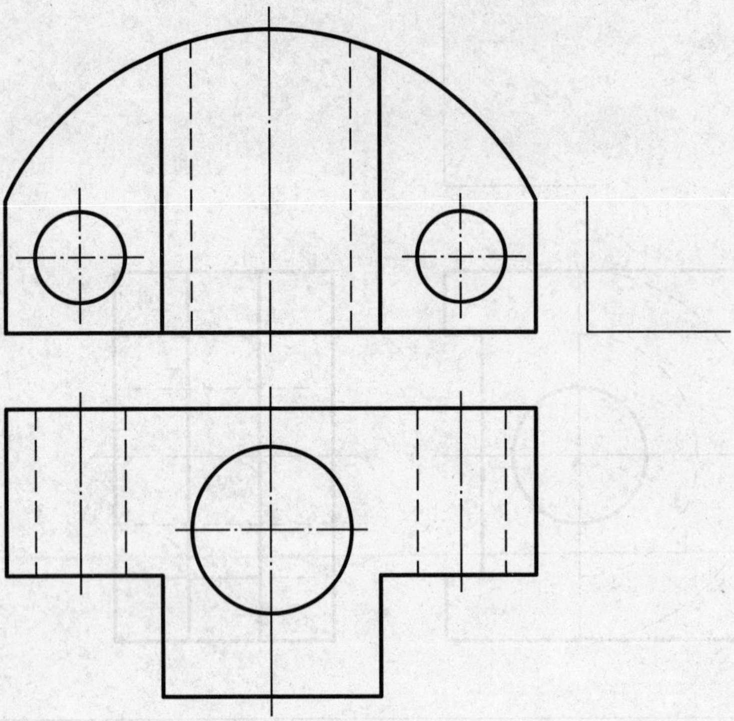

(2)

班级　　姓名

20. 根据两视图想象出立体形状，并补画出另一视图。

(1)

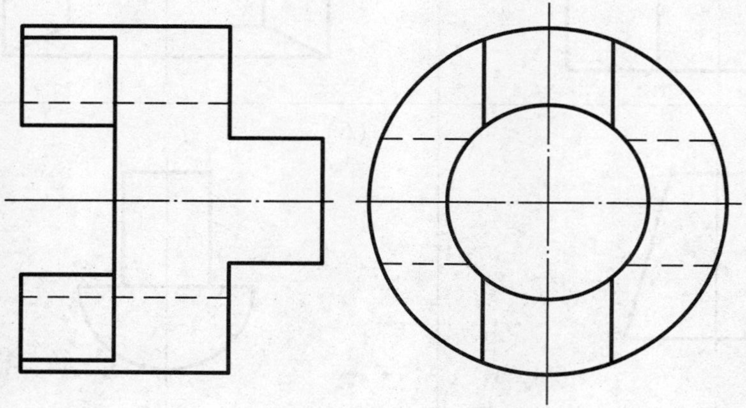

(2)

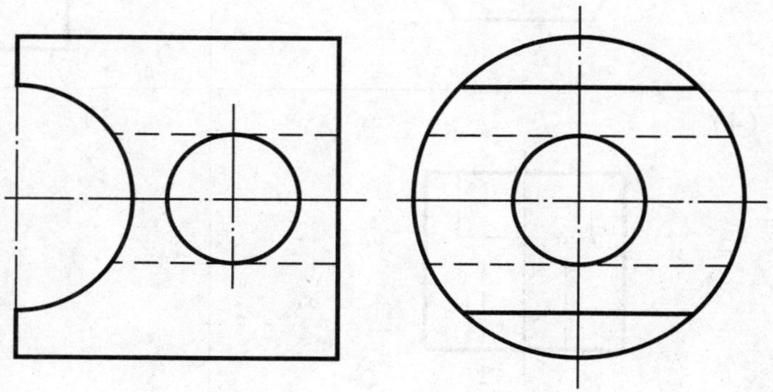

21. 将下列物体标注尺寸（尺寸数值直接从图上量取，取整数）。

（1）

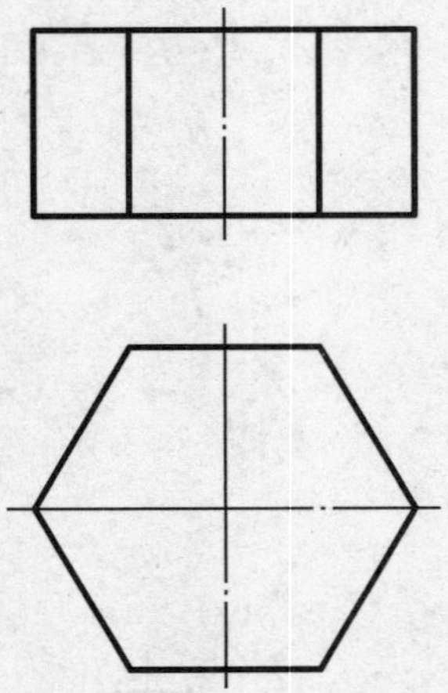

（2）

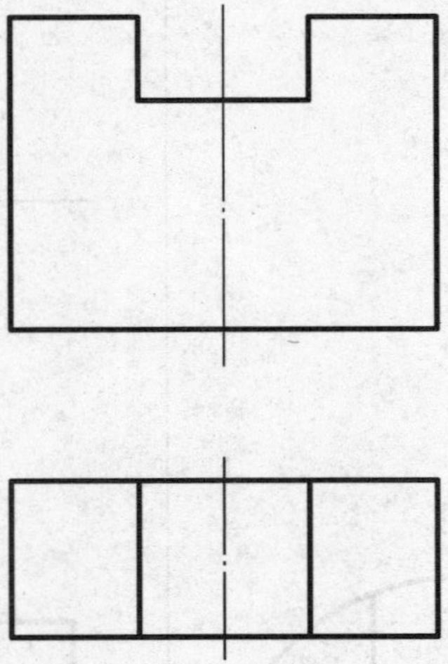

（3）

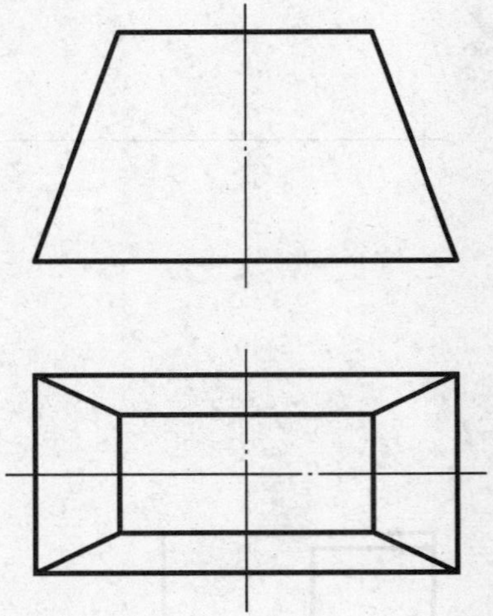

（4）

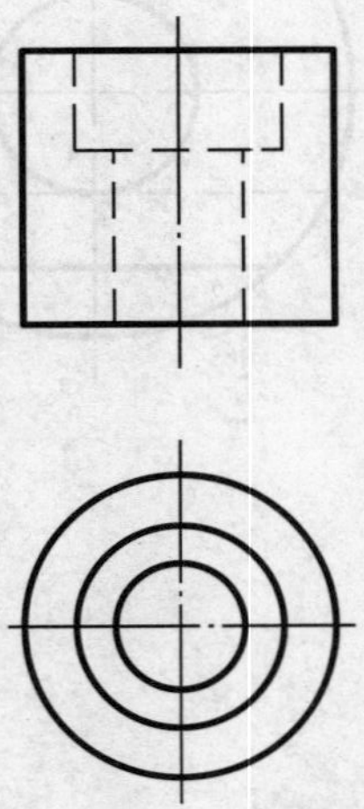

（5）

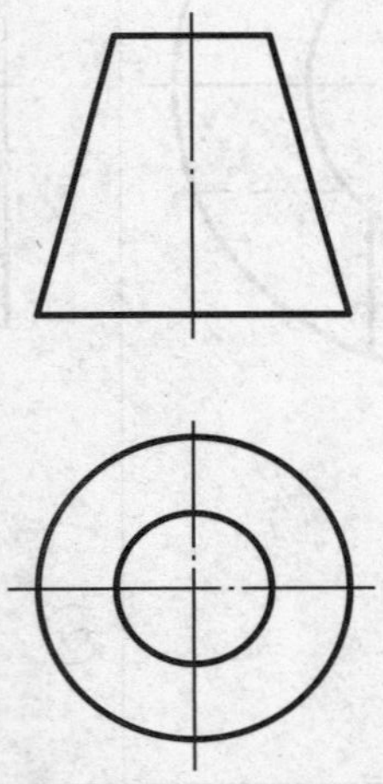

（6）

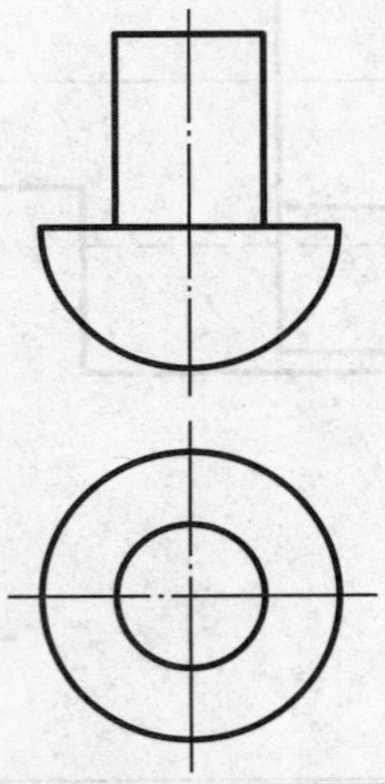

22. 根据给出的视图，构思零件的形状，并标注尺寸（尺寸数值直接从图上量取，取整数）。

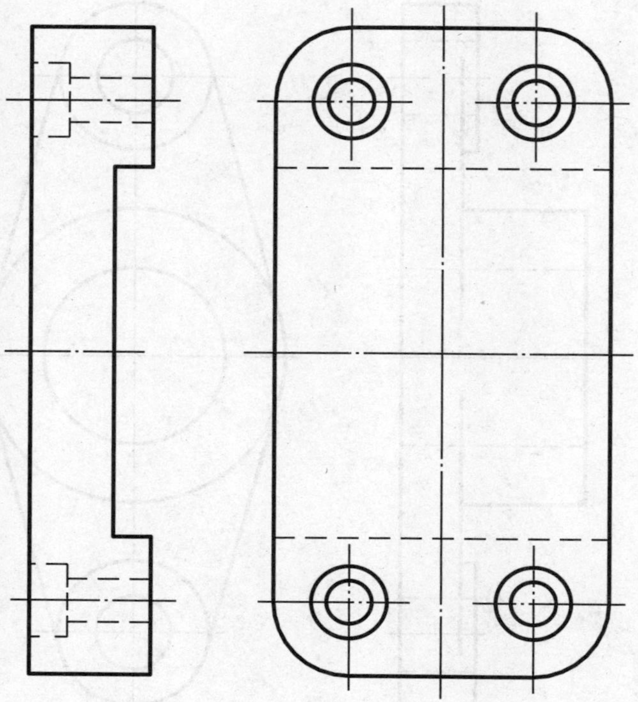

(1)

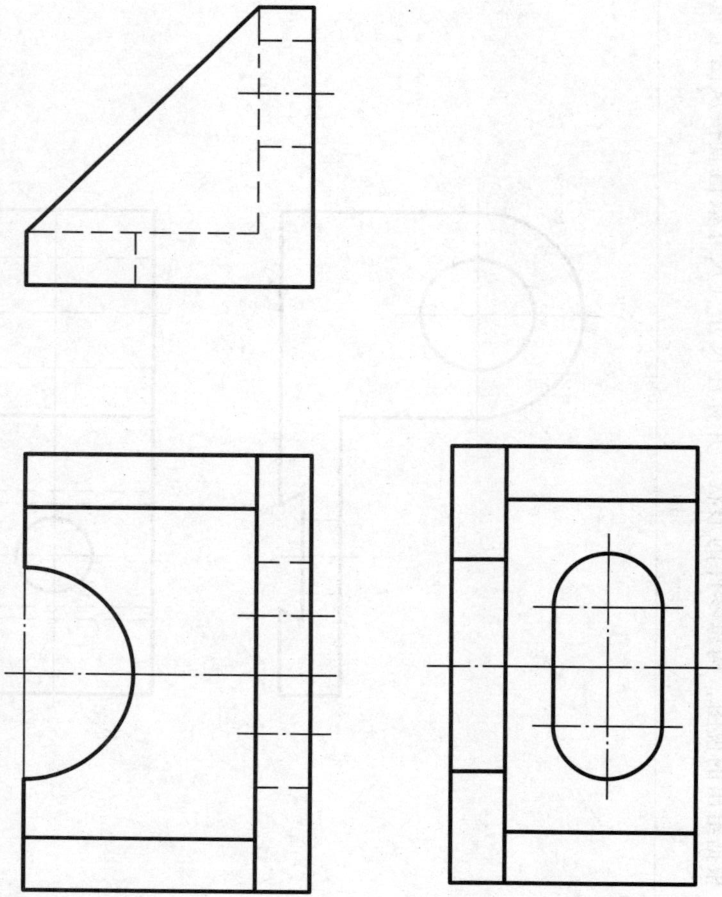

(2)

23. 根据给出的视图，构思零件的形状，并标注尺寸（尺寸数值直接从图上量取，取整数）。

(1)

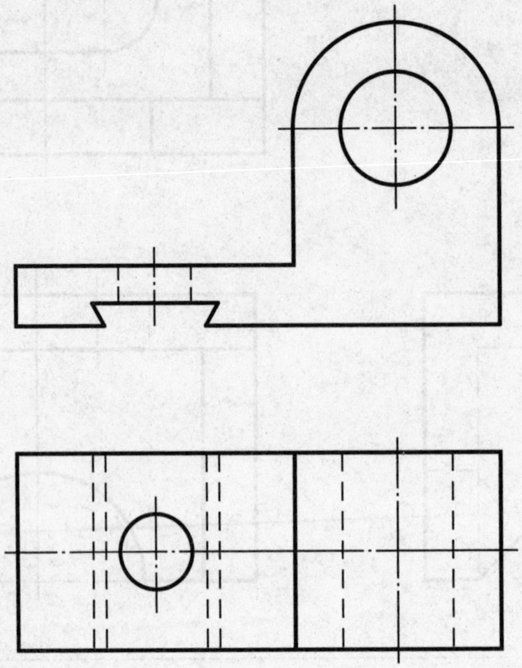

(2)

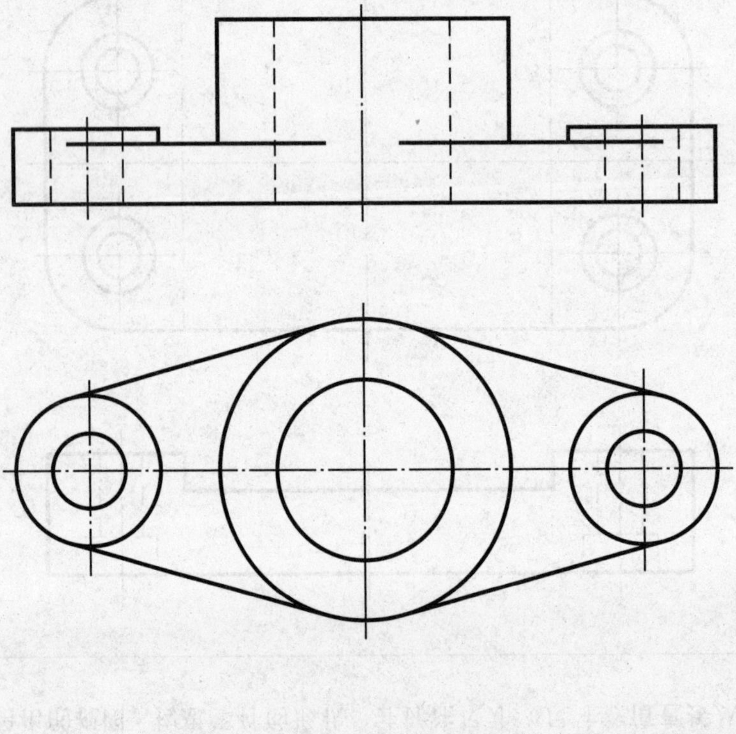

班级　　　姓名

24. 根据给出的视图，构思零件的形状，并标注尺寸（尺寸数值直接从图上量取，取整数）。

（1）

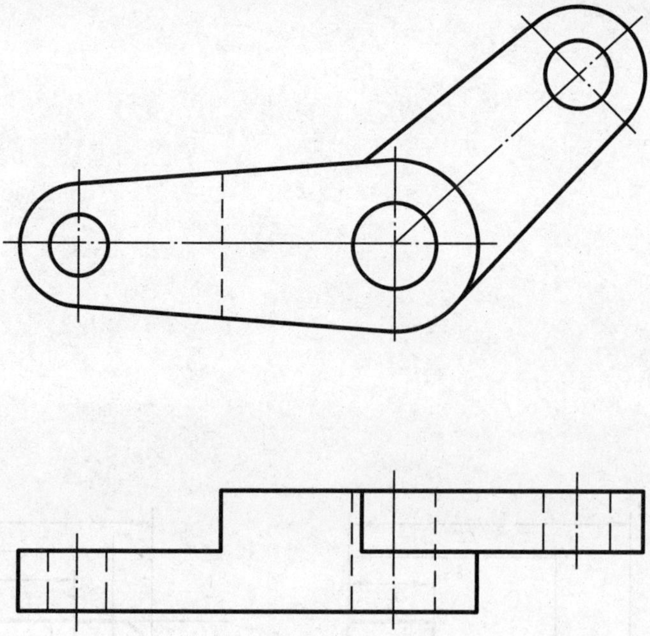

（2）

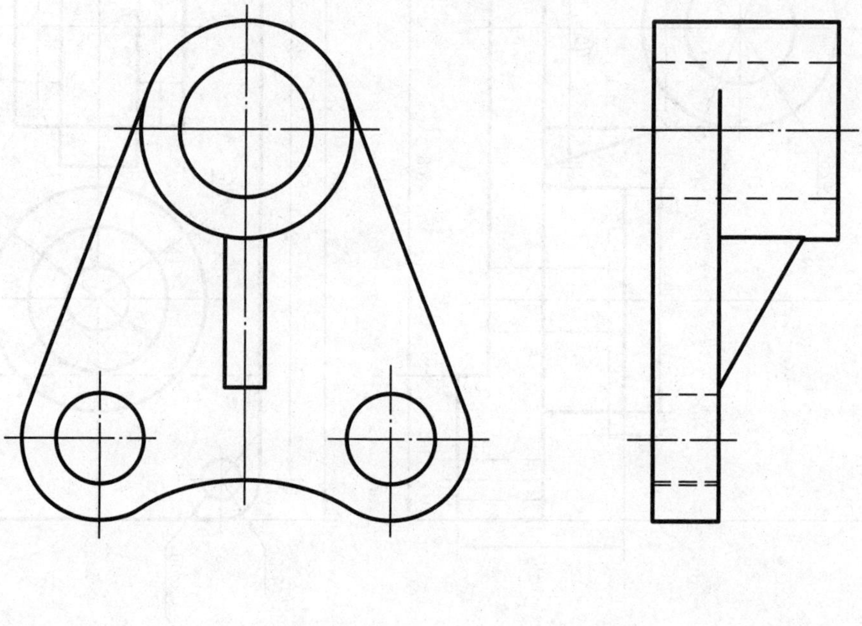

班级　　姓名

班级　　　　姓名

25. 根据已给的两视图及尺寸，用1:1的比例在A3图纸上画三视图并标注尺寸。

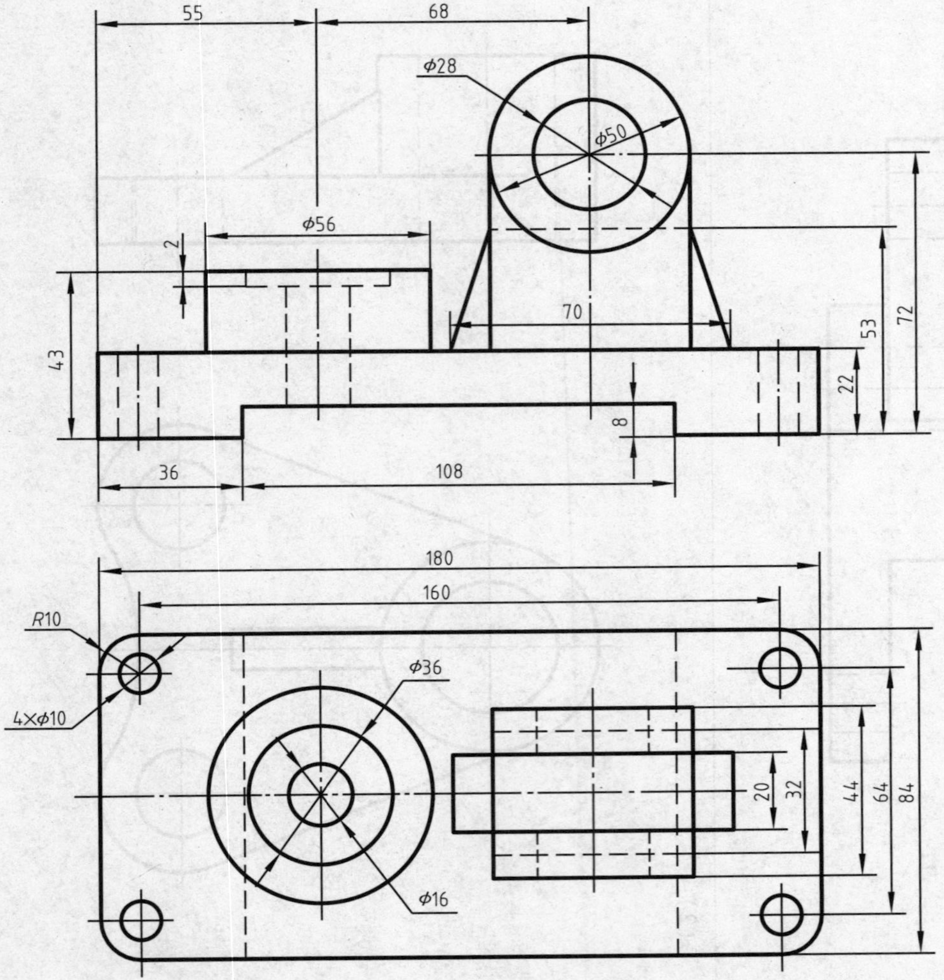

26. 根据已给的两视图及尺寸，用 1:1 的比例在 A3 图纸上画三视图并标注尺寸。

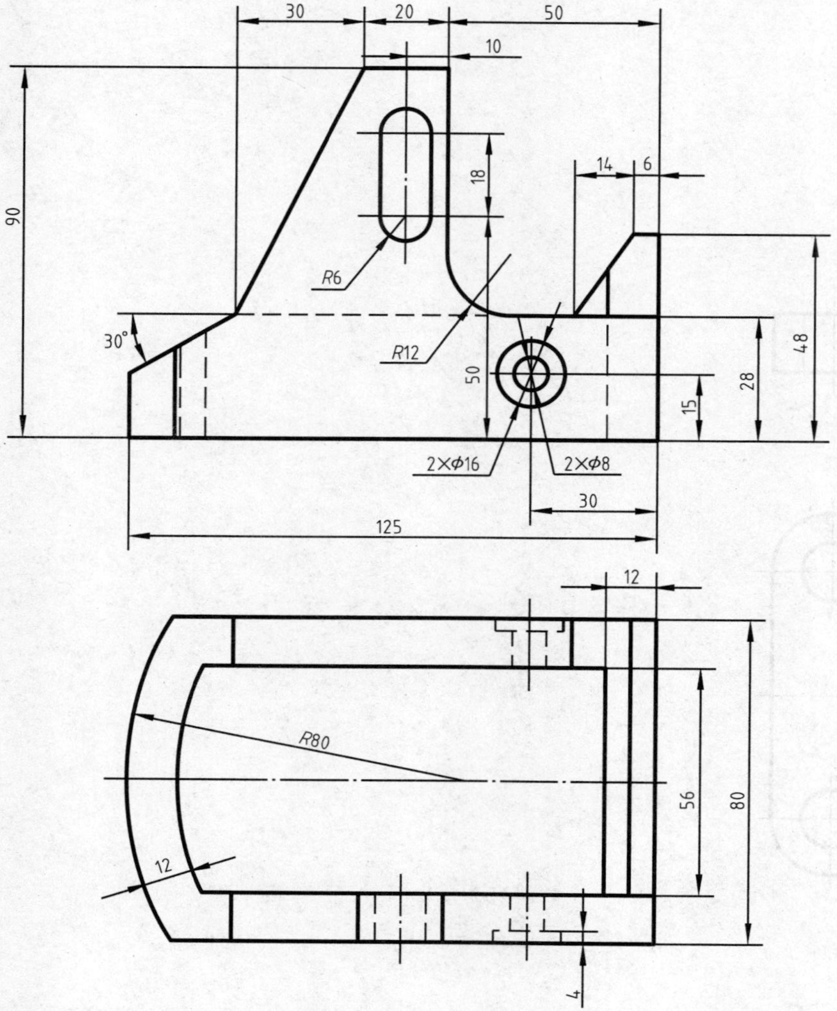

班级　　　　姓名

27. 根据已给的两视图，用 2∶1 的比例在 A3 图纸上画三视图并标注尺寸（尺寸数值直接从图上量取，取整数）。

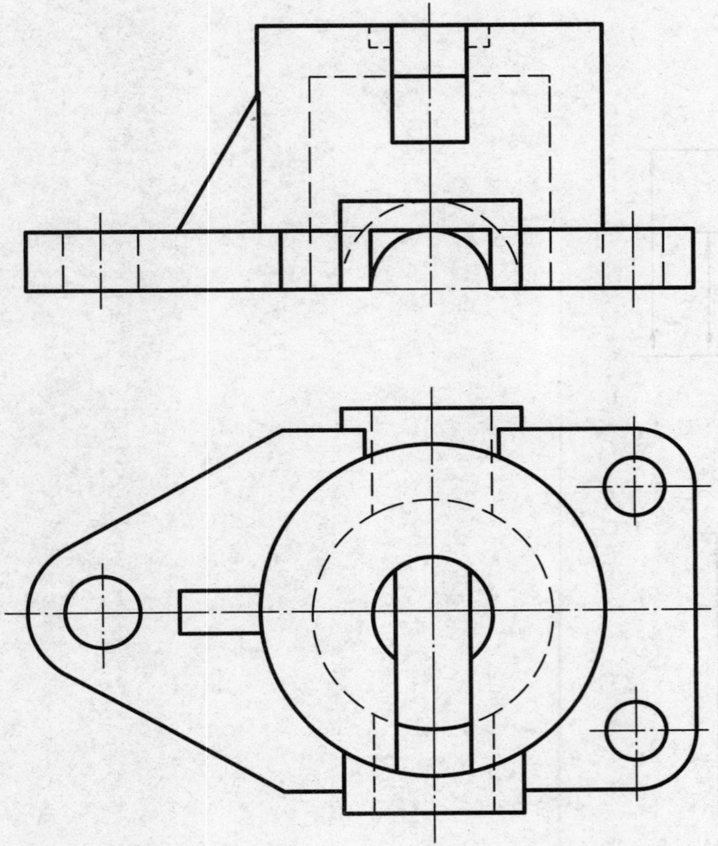

第 10 章　轴　测　图

班级　　　　　姓名

1. 根据已给视图，在指定的位置上画出物体的正等测轴测图。

（1）

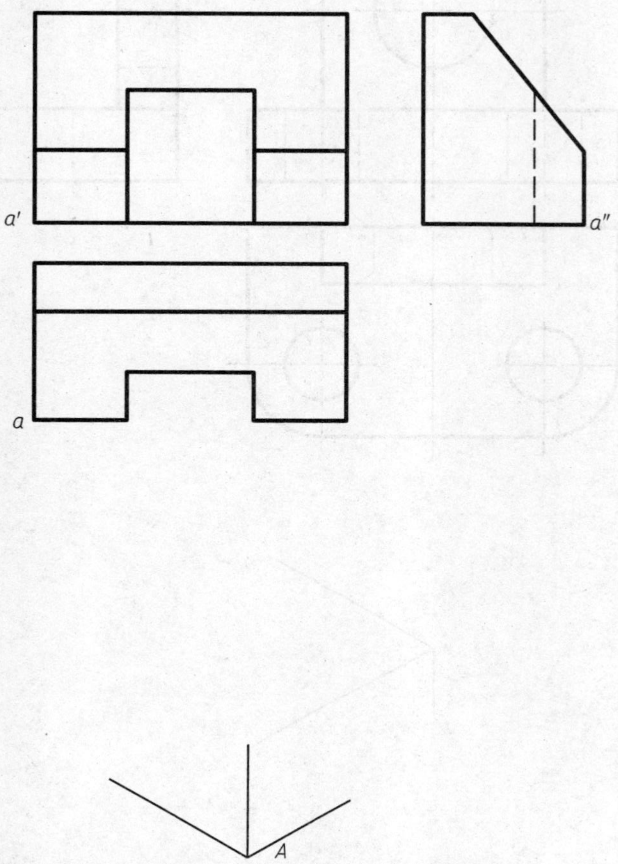

（2）

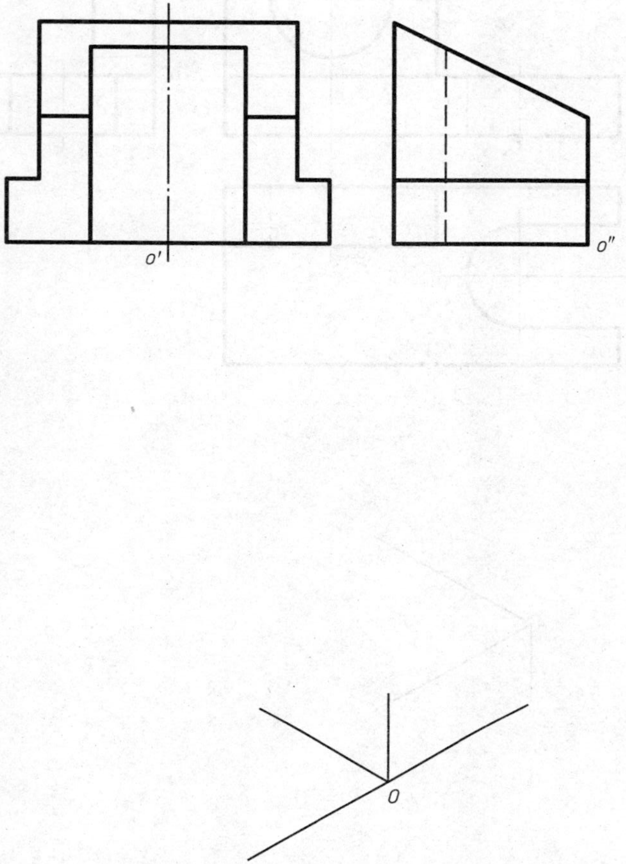

班级　　　　姓名

2. 根据已给视图，在指定的位置上画出物体的正等测轴测图。

(1)

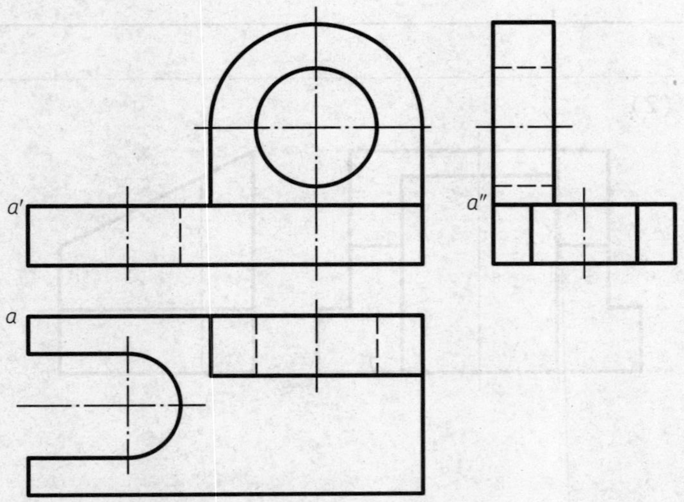

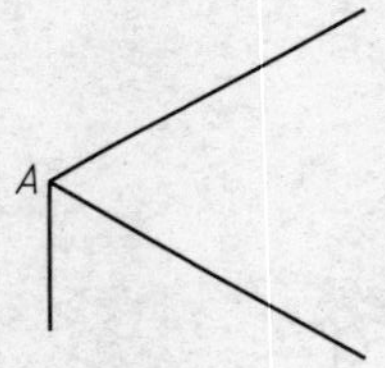

(2)

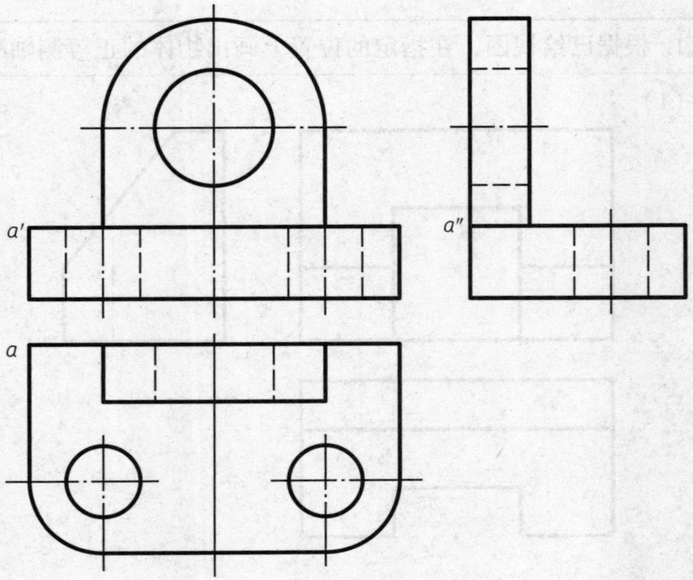

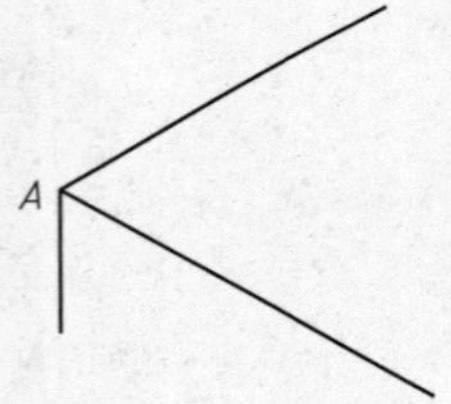

3. 根据已给视图，在指定的位置上画出物体的正等测轴测图。

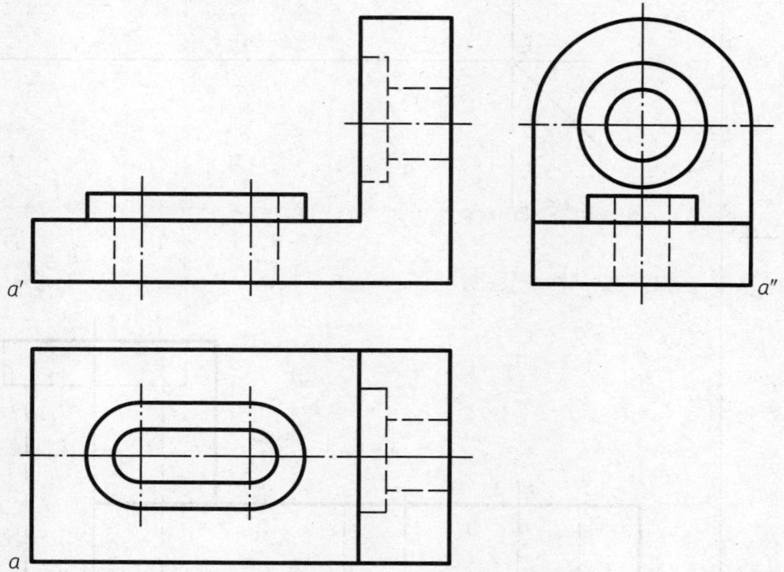

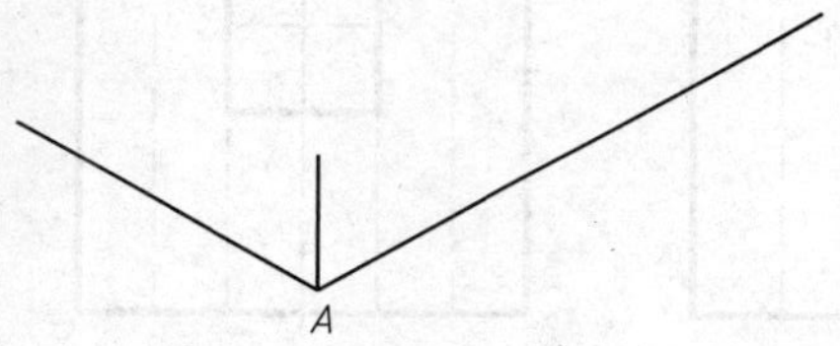

4. 根据已给视图，在指定的位置上画出物体的斜二测。

（1）

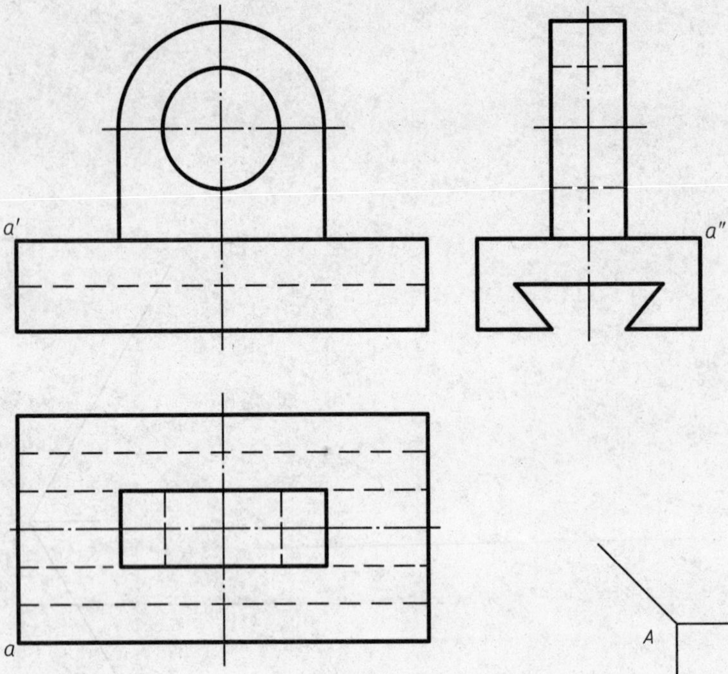

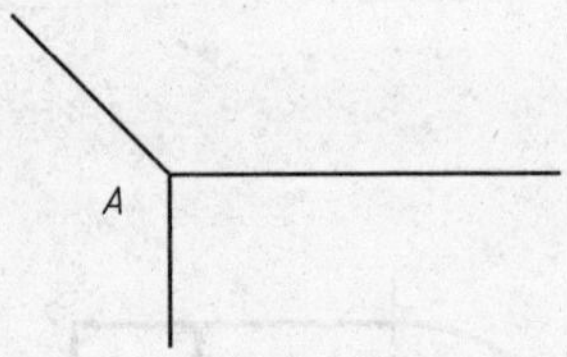

（2）

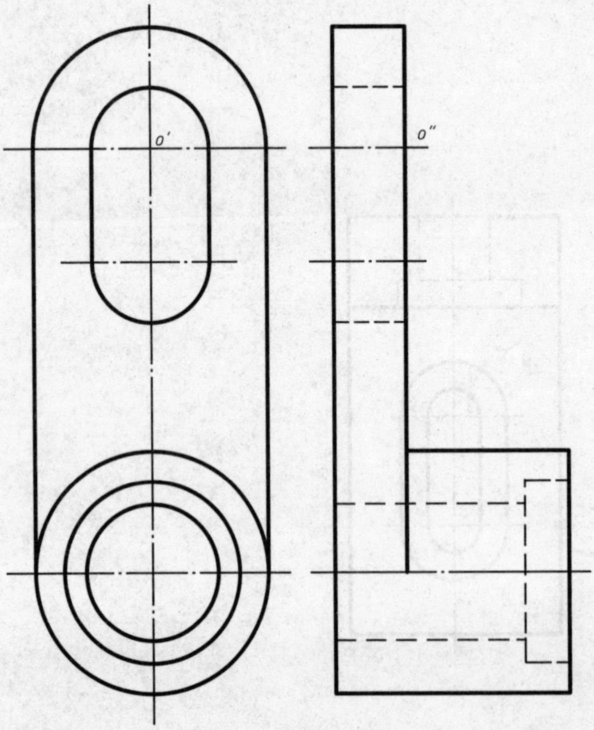

班级

姓名

第 11 章　机械零件的表达方法

11-1　视图

班级　　　　　　姓名

1. 根据已给的主、俯视图，补画出该零件的左、右、仰、后四个基本视图。

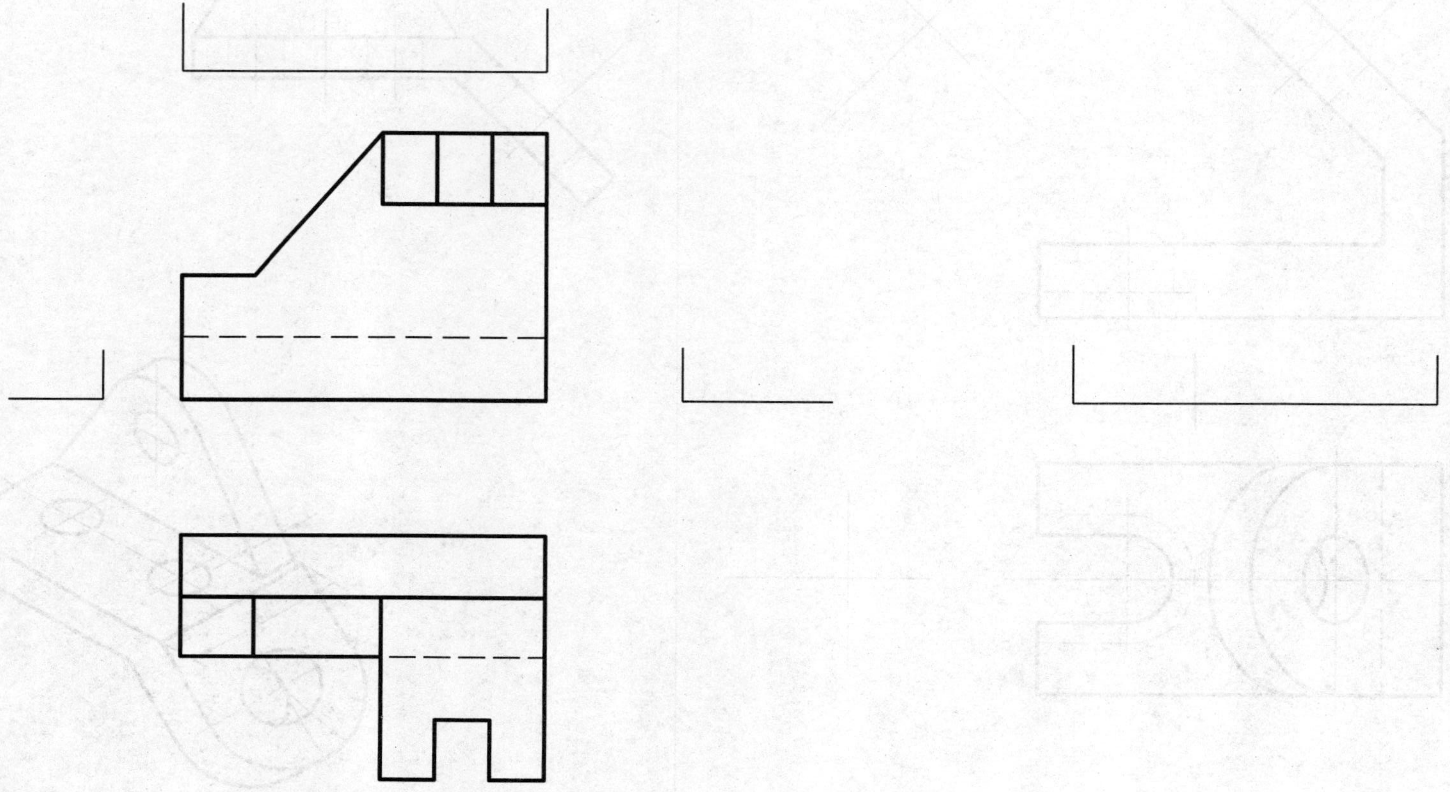

班级　　　　　姓名

2. 根据已给的主、俯视图，画出零件的 *A* 斜视图和 *B* 局部视图。

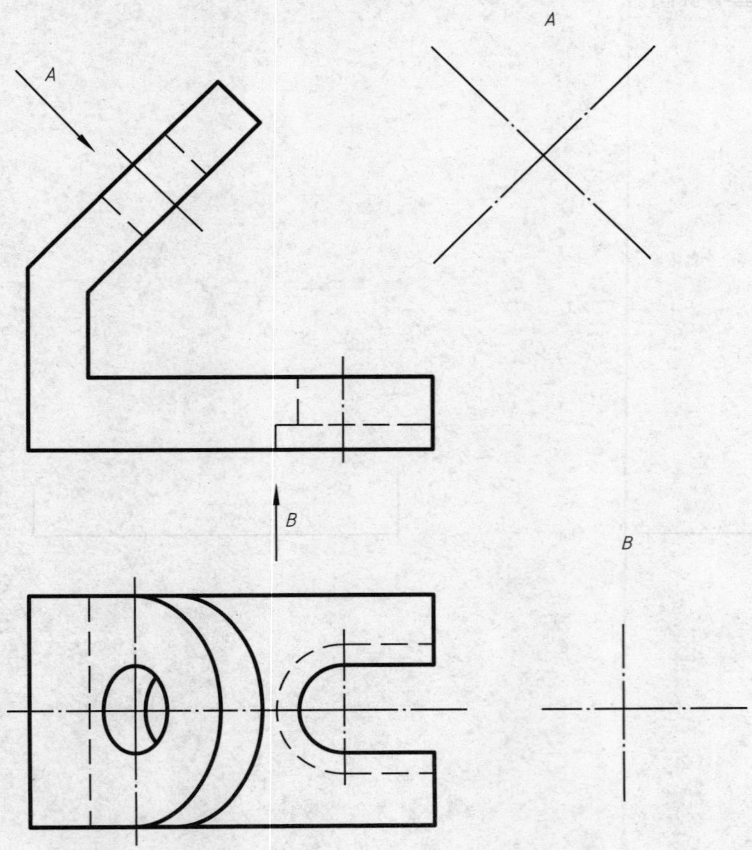

3. 作出零件的 *A* 斜视图和 *B* 局部视图（所缺尺寸参照轴测图）。

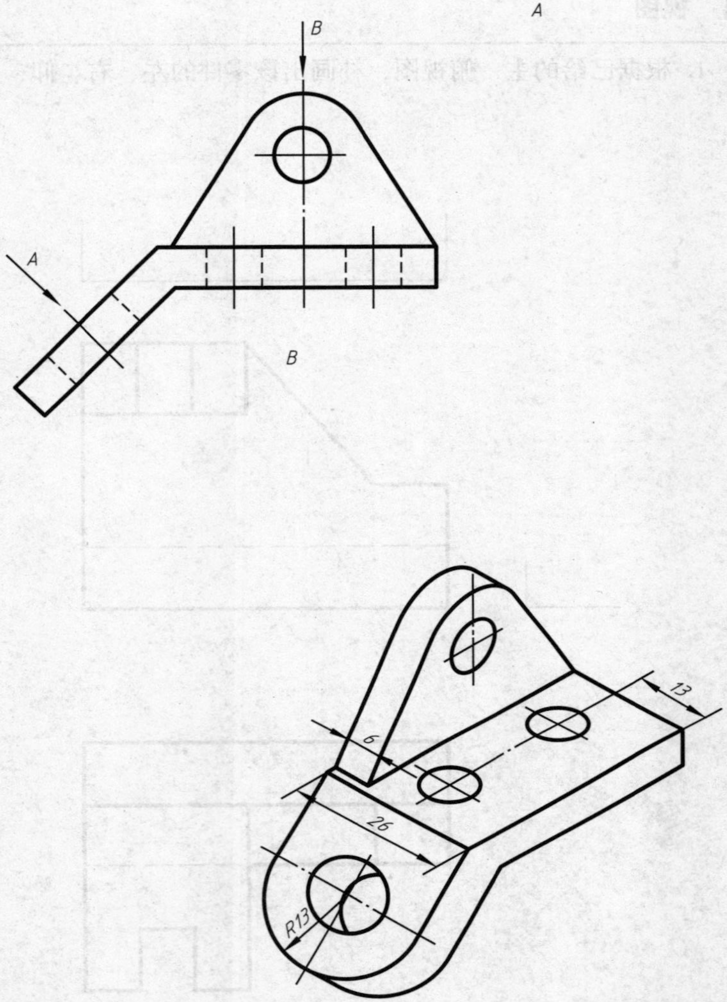

4. 根据已给的主、俯视图，画出 *A* 斜视图和 *B* 局部视图。

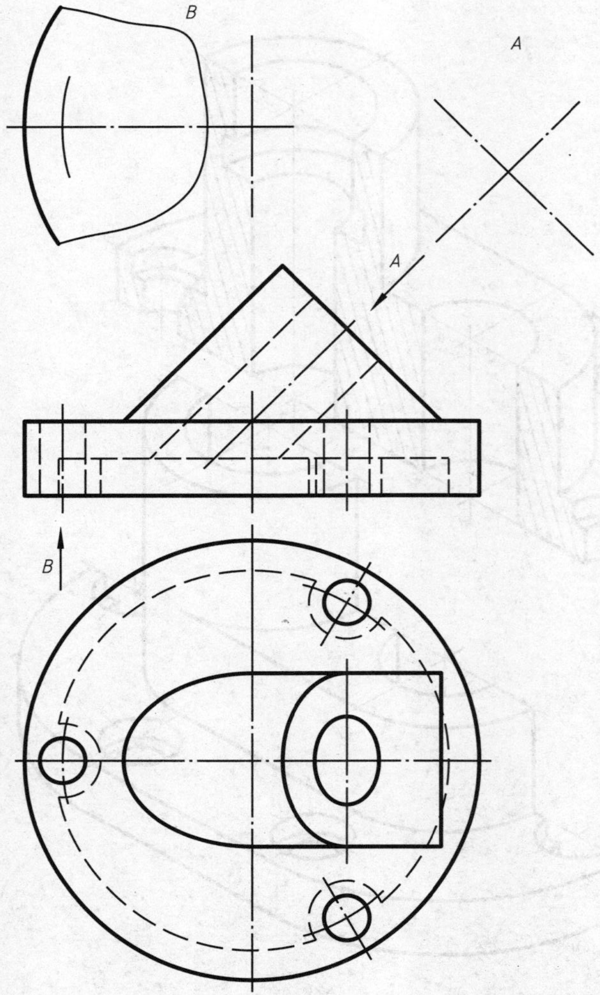

5. 根据已给的主、左视图，画出 *A* 斜视图。

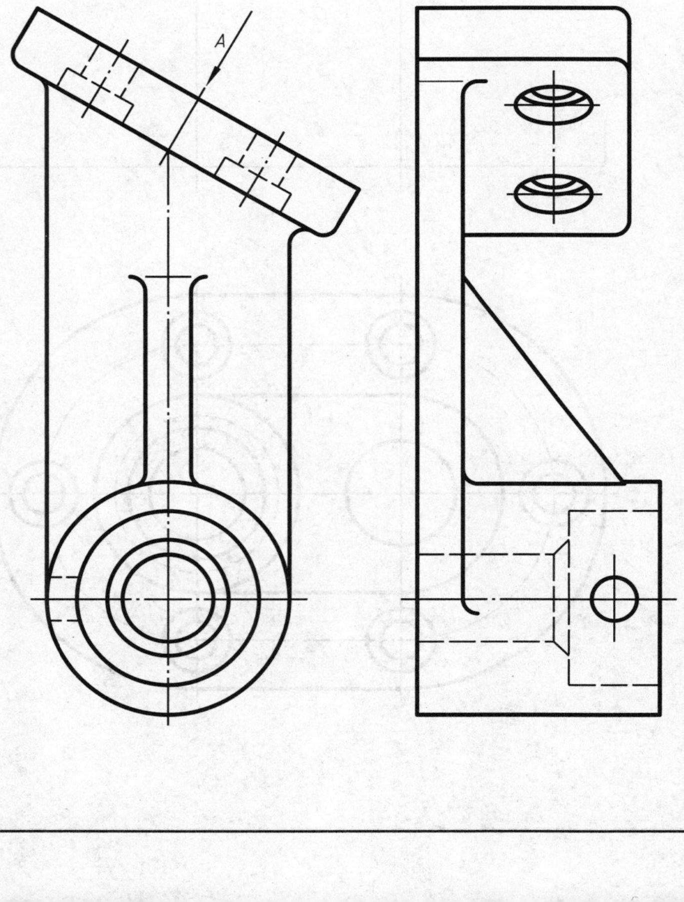

班级　　　　姓名

6. 根据零件的轴测图和俯视图，将主视图画成剖视图（高度尺寸直接从轴测图上量取）。

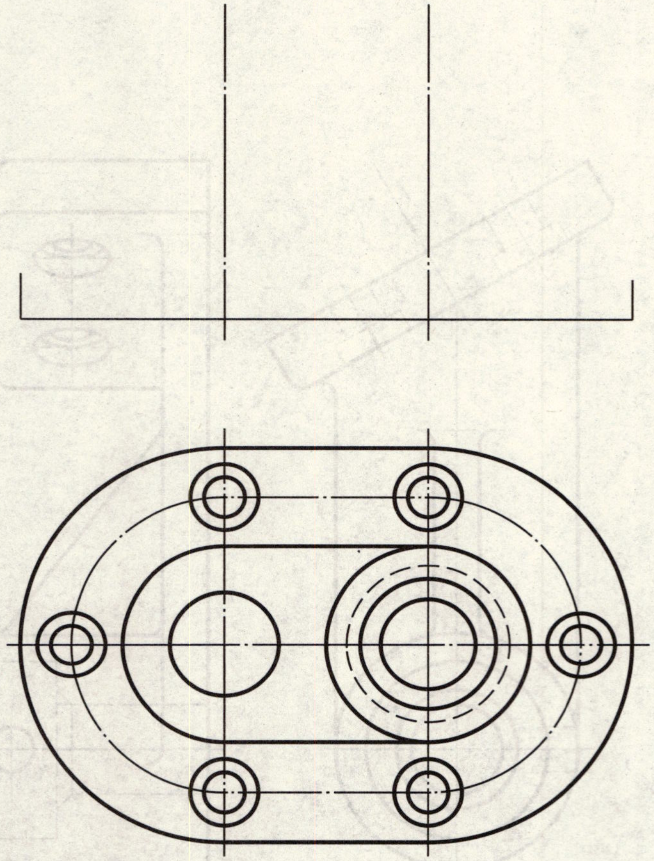

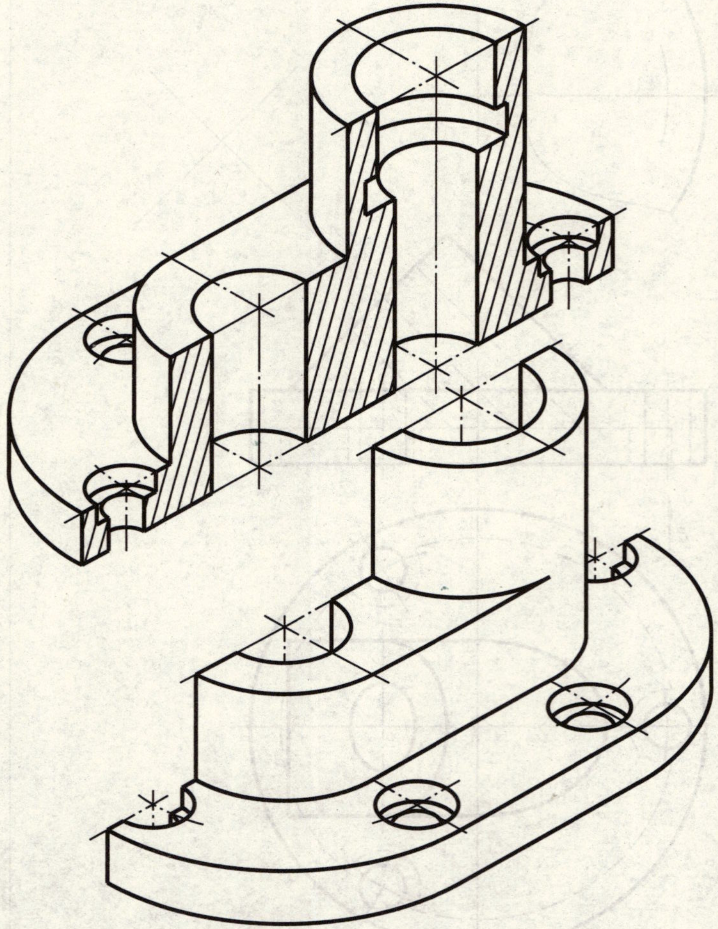

7. 补齐剖视图中所缺的线。

(1)

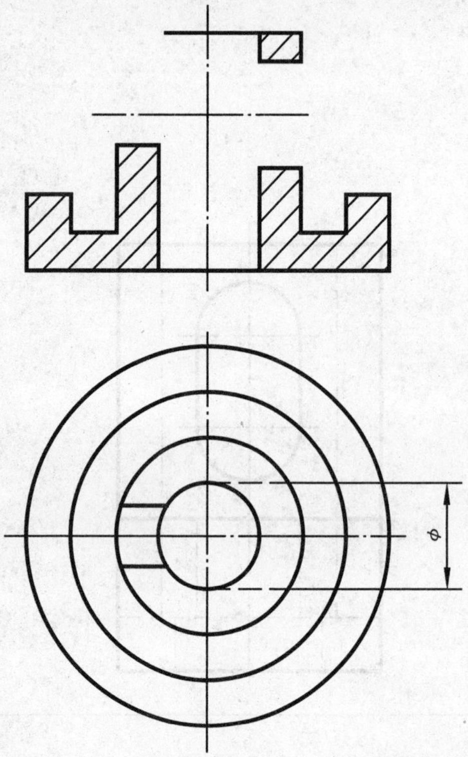

(2)

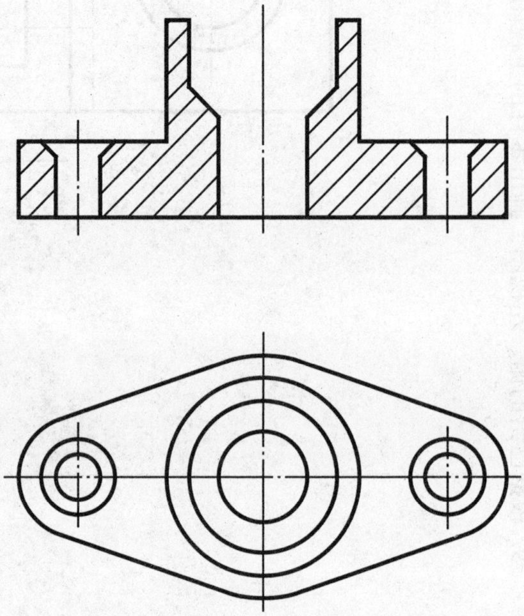

(3)

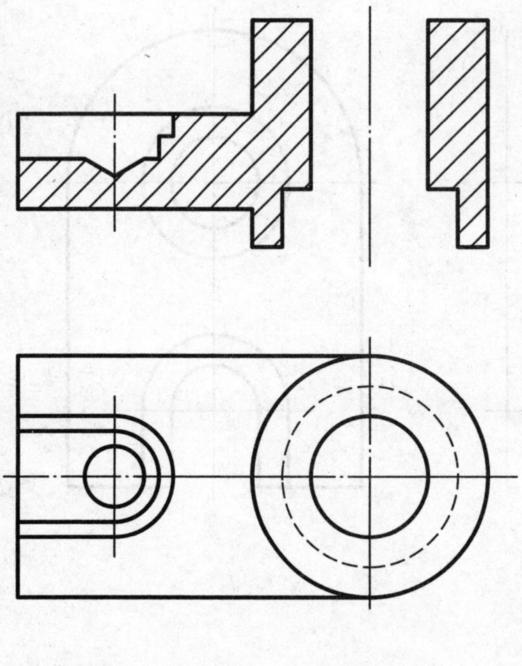

(4)

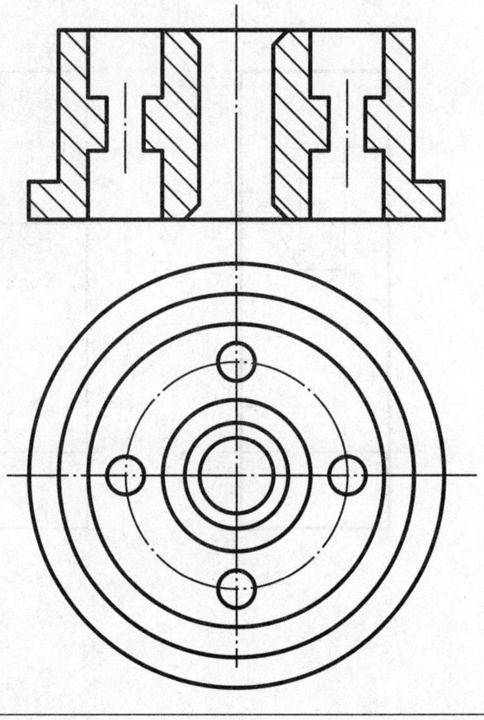

班级　　　　姓名

班级　　　　　姓名

8. 根据已给的主、俯视图，将零件的主视图改画成全剖视图。

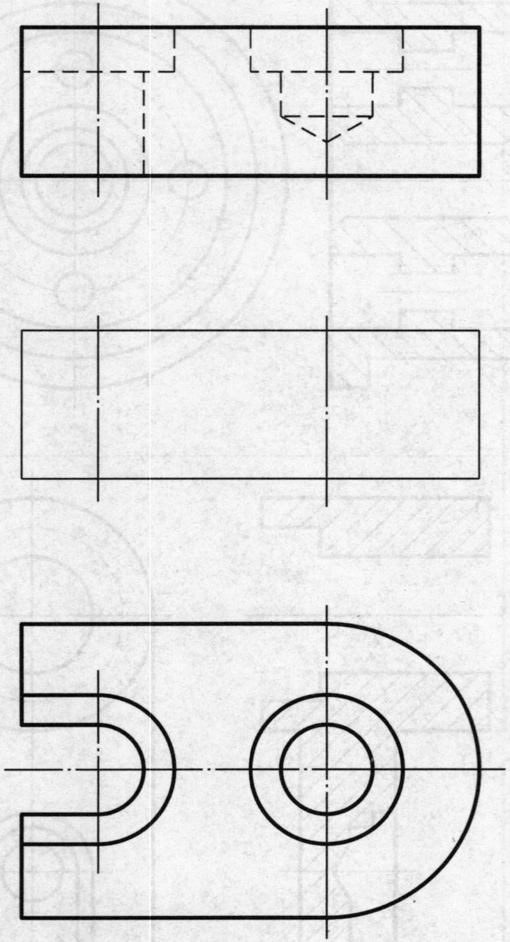

9. 根据已给的俯、左视图，画出零件的主视图（取全剖视）。

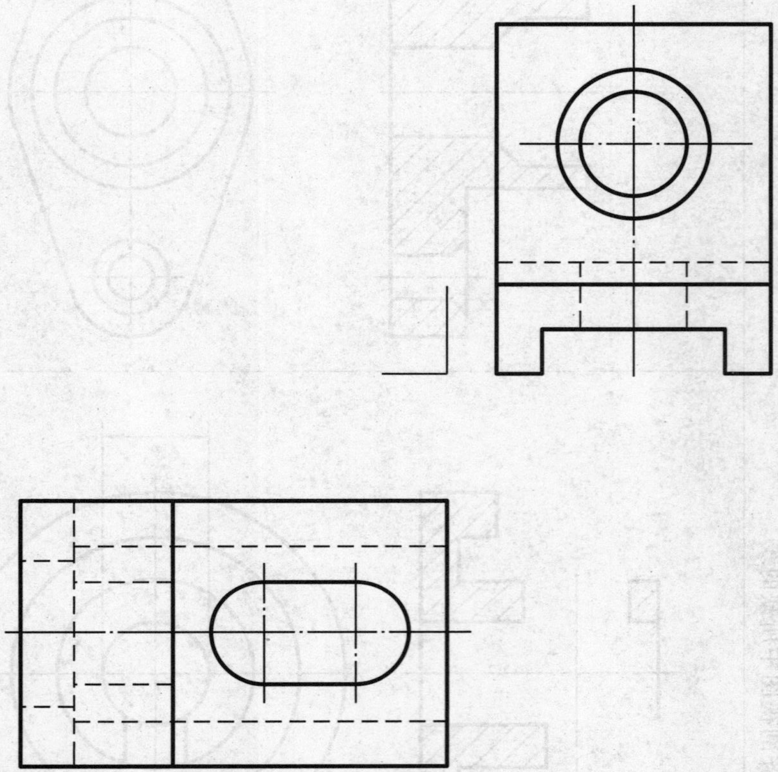

10. 根据两面视图，想象出零件的形状，并将主视图画成全剖视图。

（1）

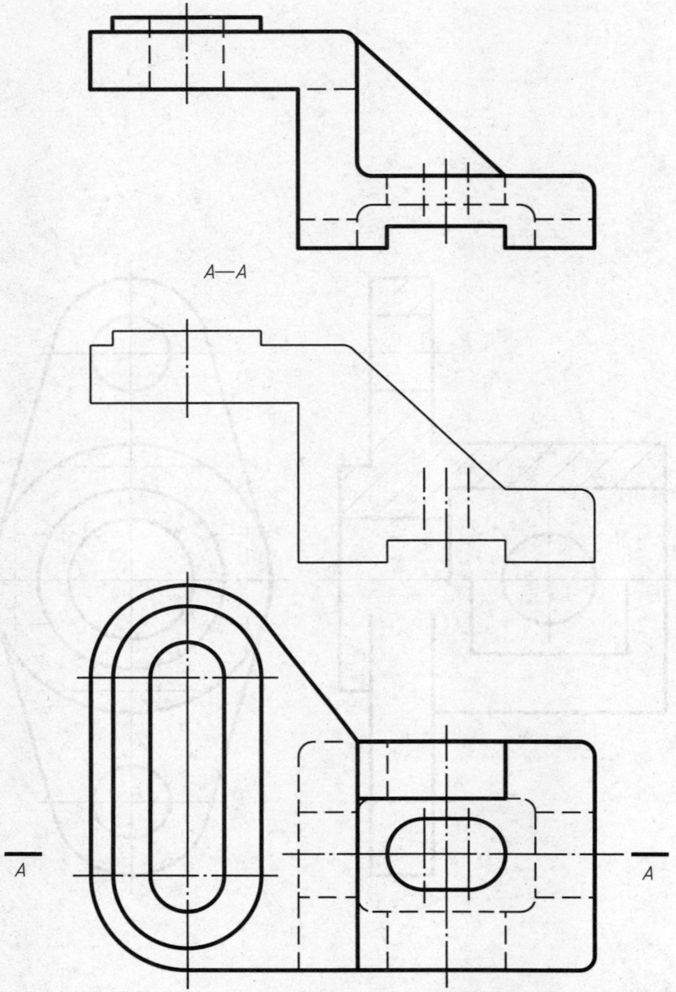

（2）

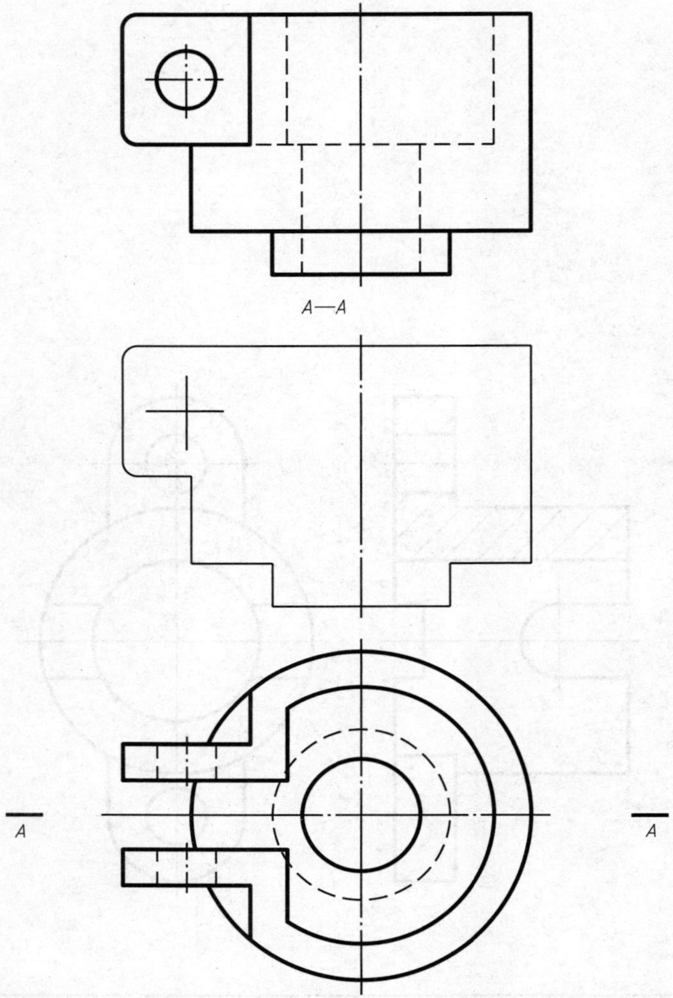

11. 根据主、俯视图，求作半剖视的左视图。

12. 根据主、俯视图，求作半剖视的左视图。

班级

姓名

13. 根据主、俯视图，求作全剖视的左视图。

(1)

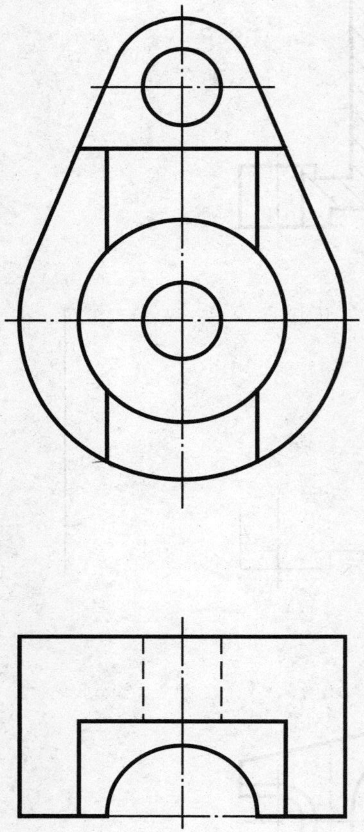

(2)

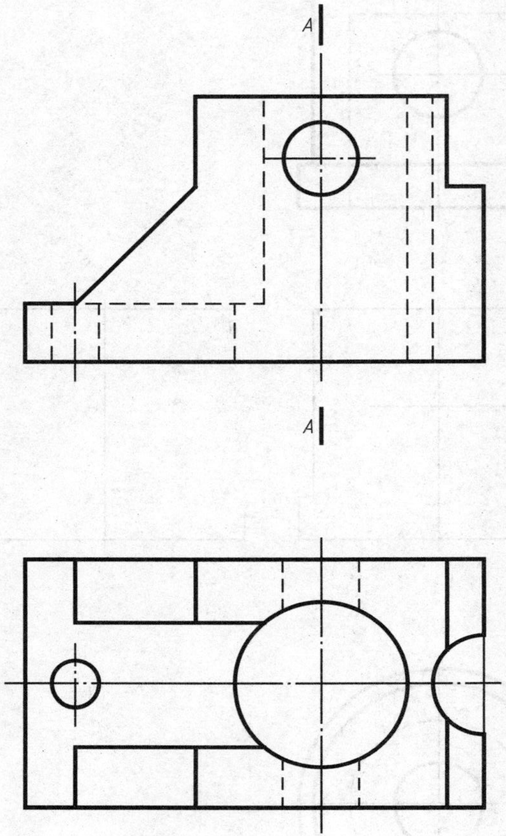

班级　　　　姓名

14. 将零件的主视图改画成全剖视图，将左视图画成半剖视图。

(1)

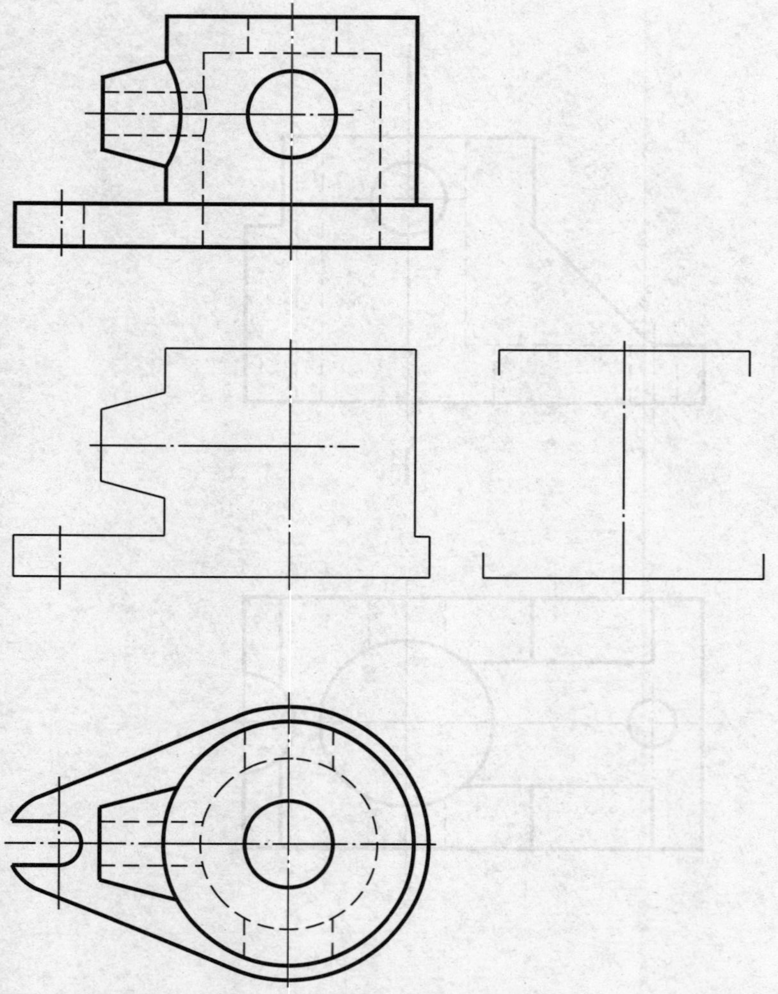

(2)

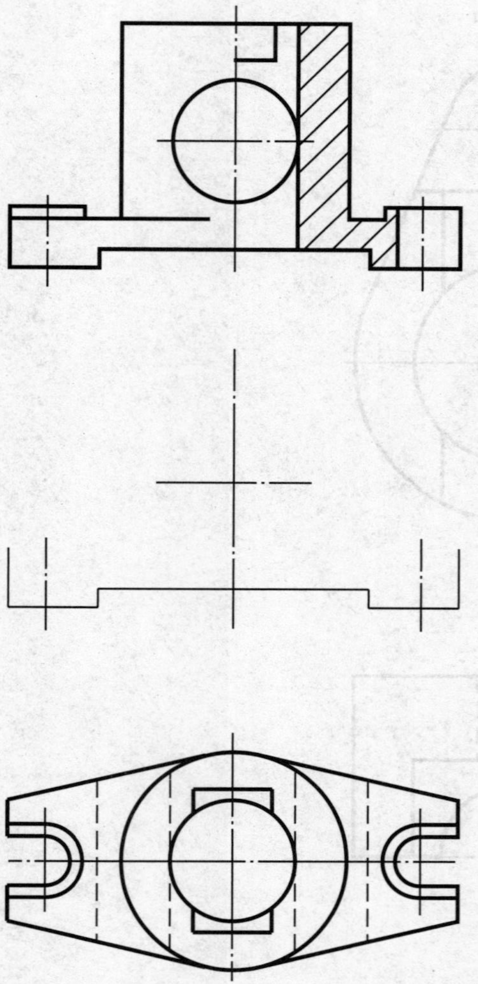

班级　　　　　　姓名

15. 分析局部剖视图中波浪线画法的错误，作出正确的局部剖视图。

(1)

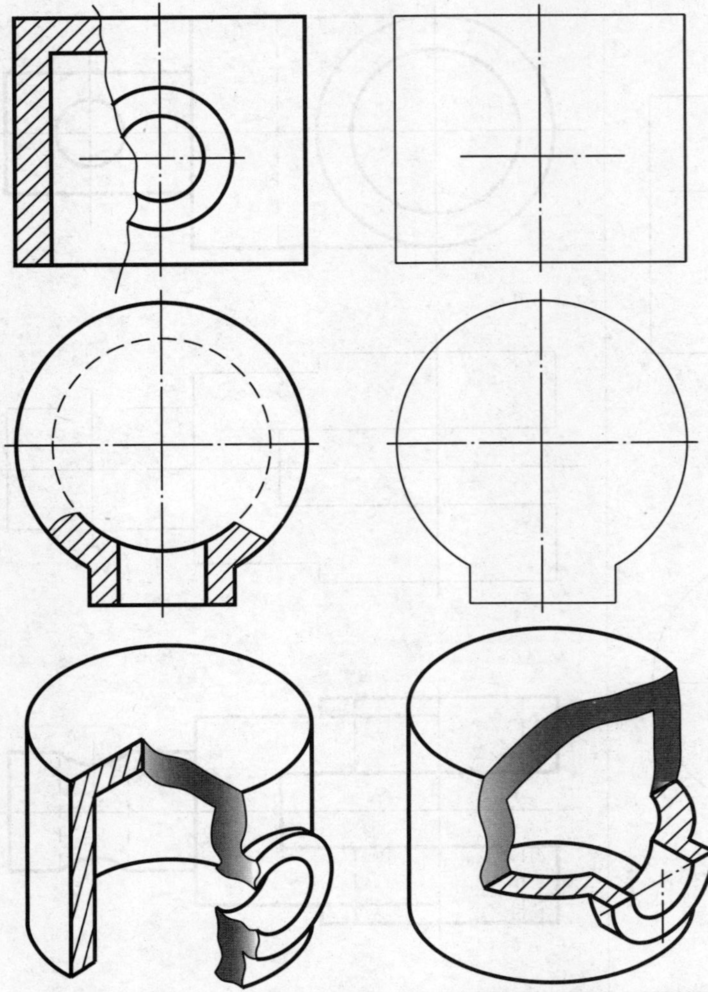

(2)

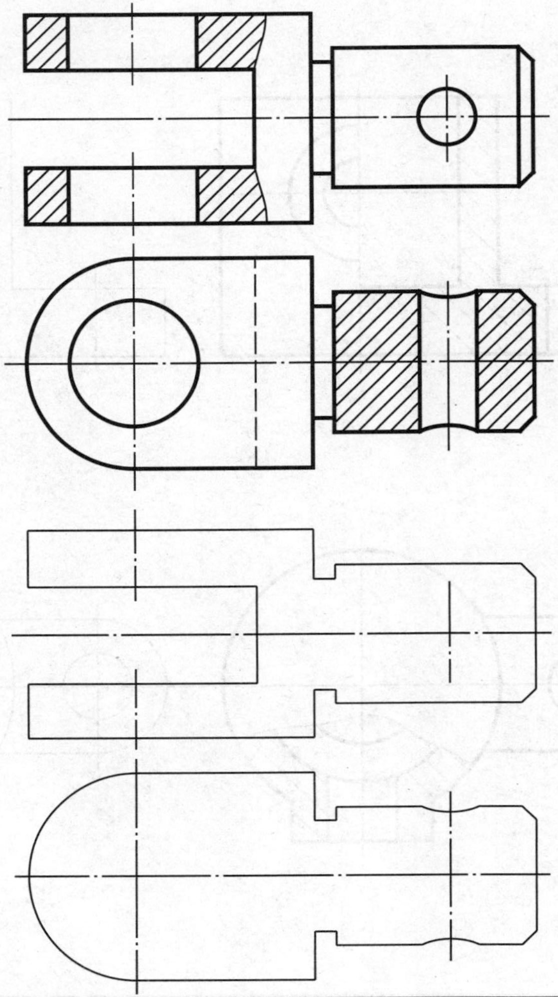

班级　　　　　　姓名

16. 指出局部剖视图中的错误，将正确的画在右边。

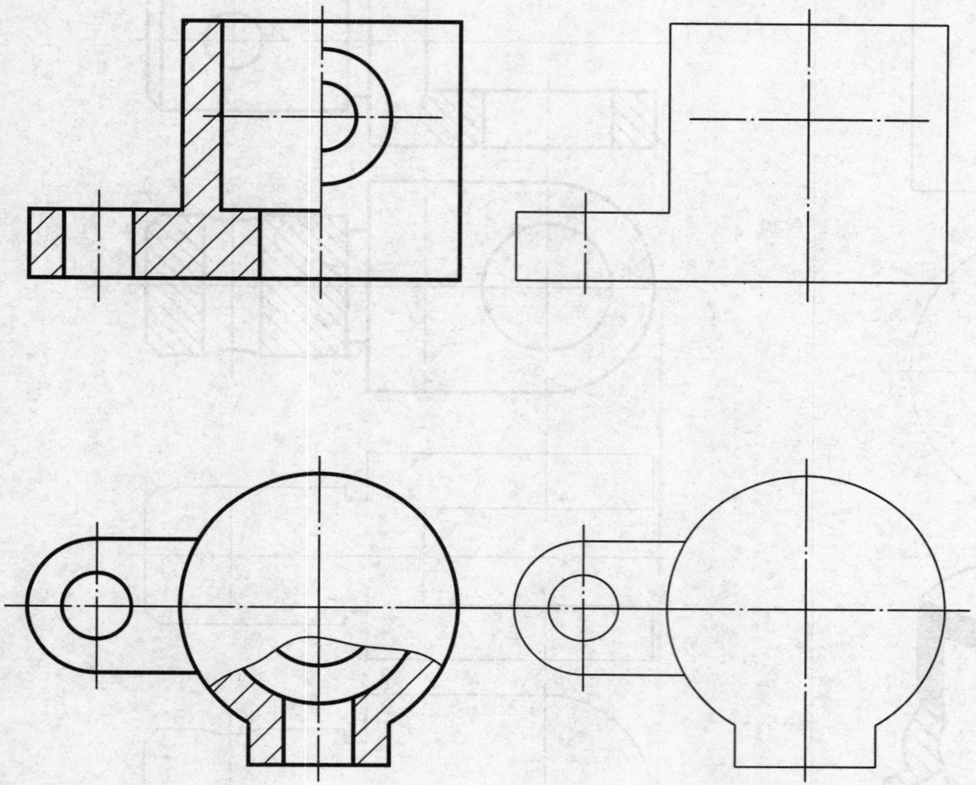

17. 将俯视图改画成局部剖视图。

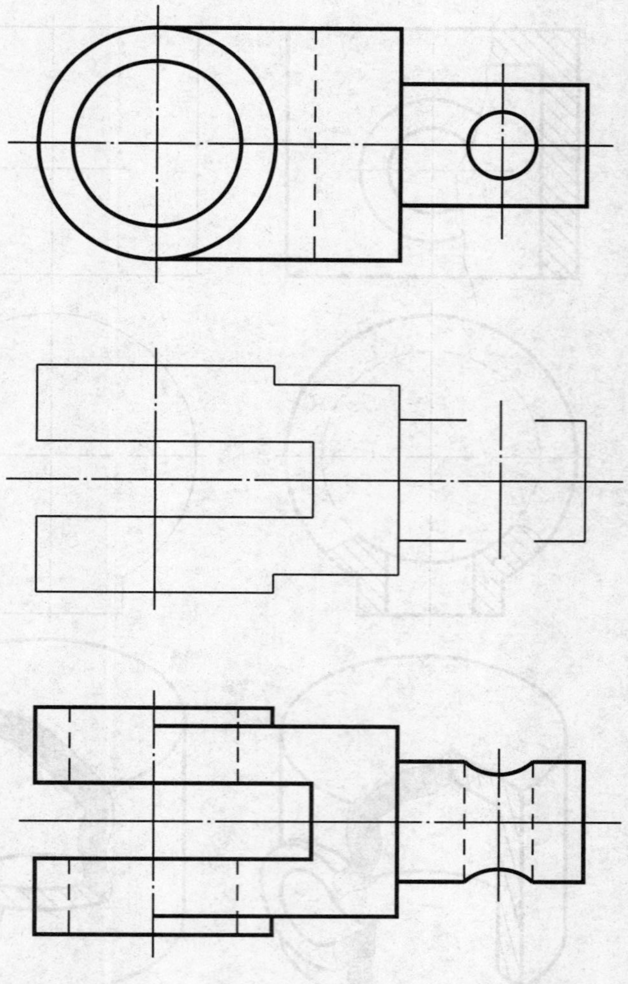

18. 将主视图和俯视图改画成适当的局部剖视图（画在右边）。

(1)

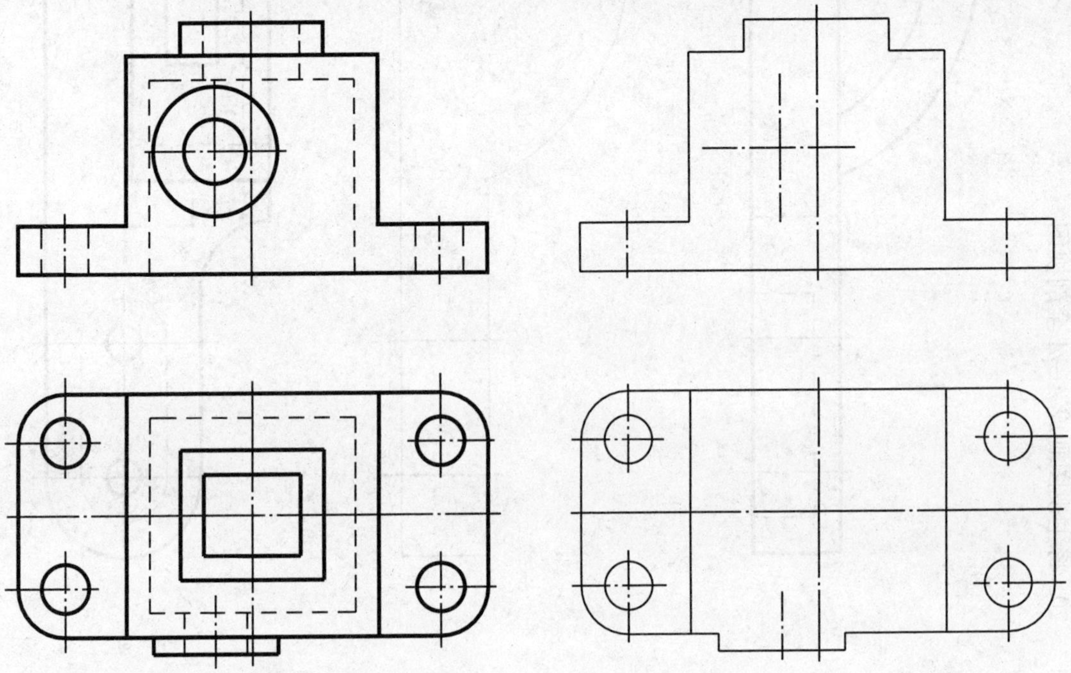

(2)

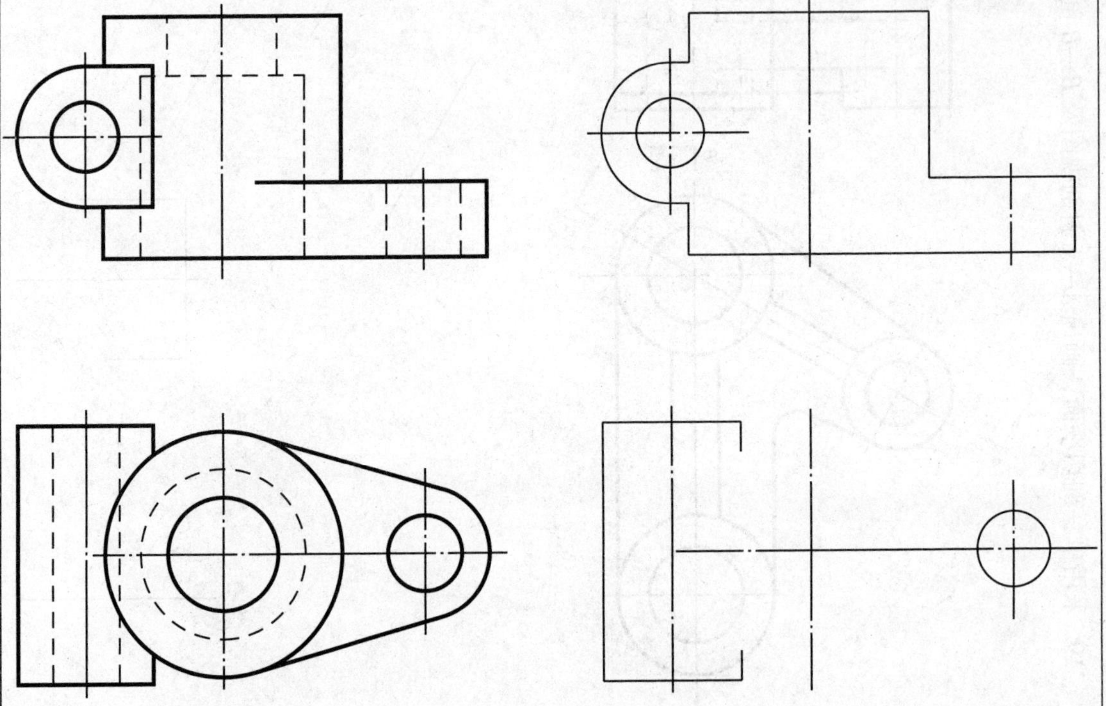

班级　　　　姓名

班级　　　　姓名

19. 采用单一剖切平面，画出 A—A 斜剖视图及 B—B 剖视图。

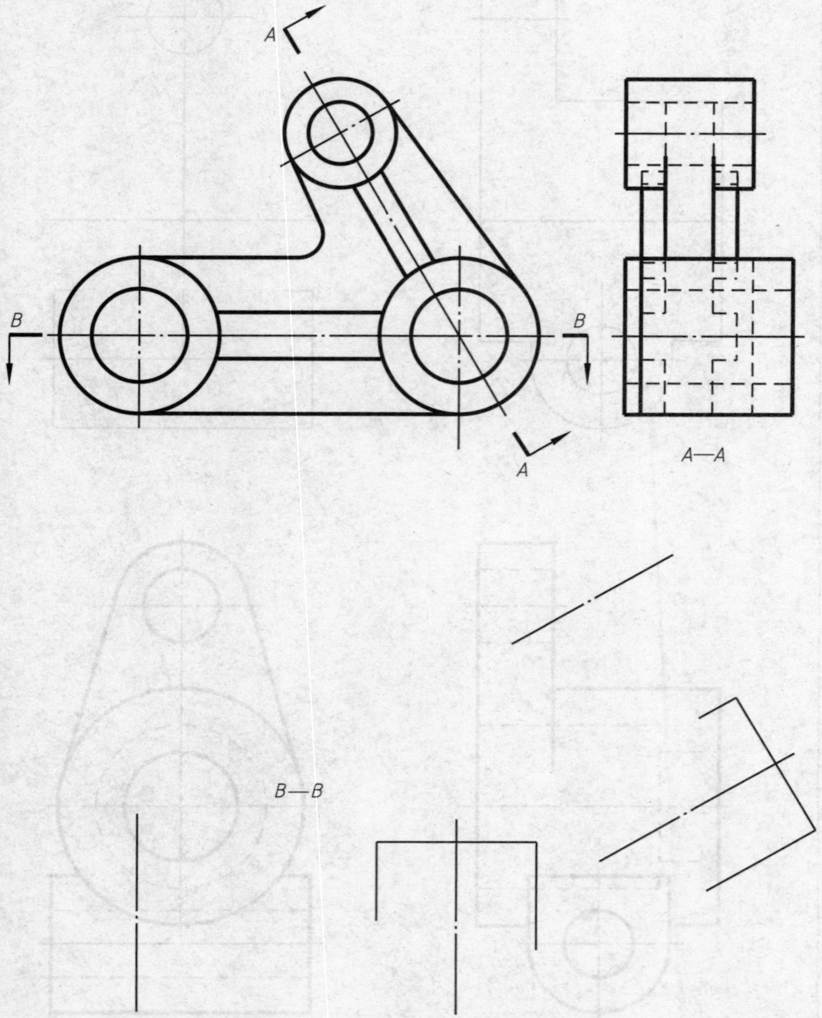

20. 将主视图画成 A—A 全剖视图。

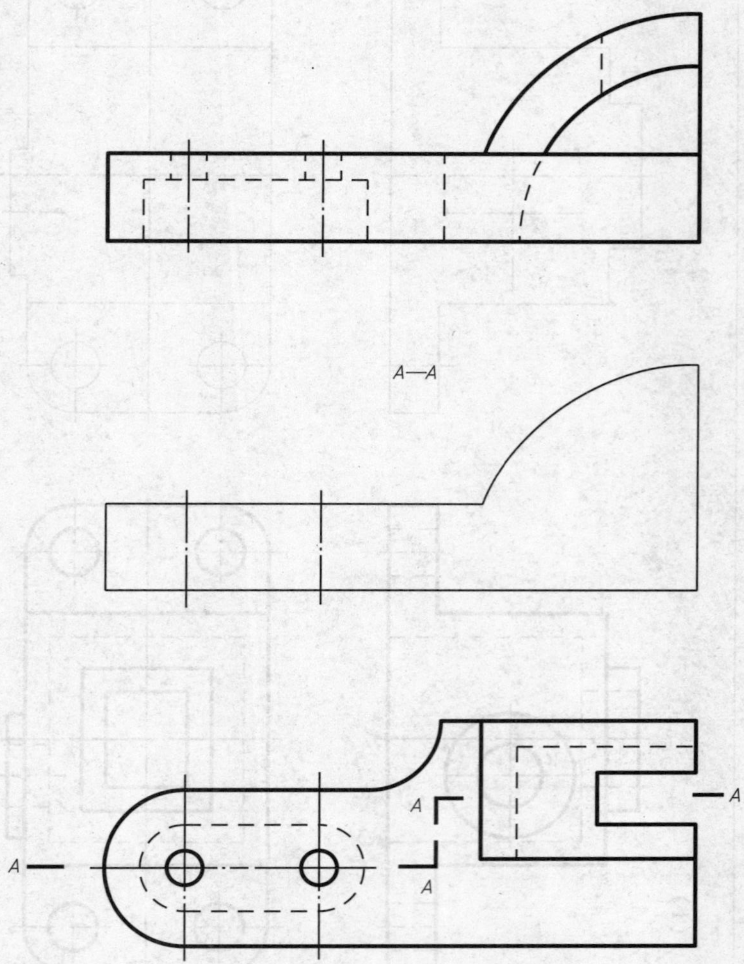

21. 将左视图画成阶梯全剖视。

(1)

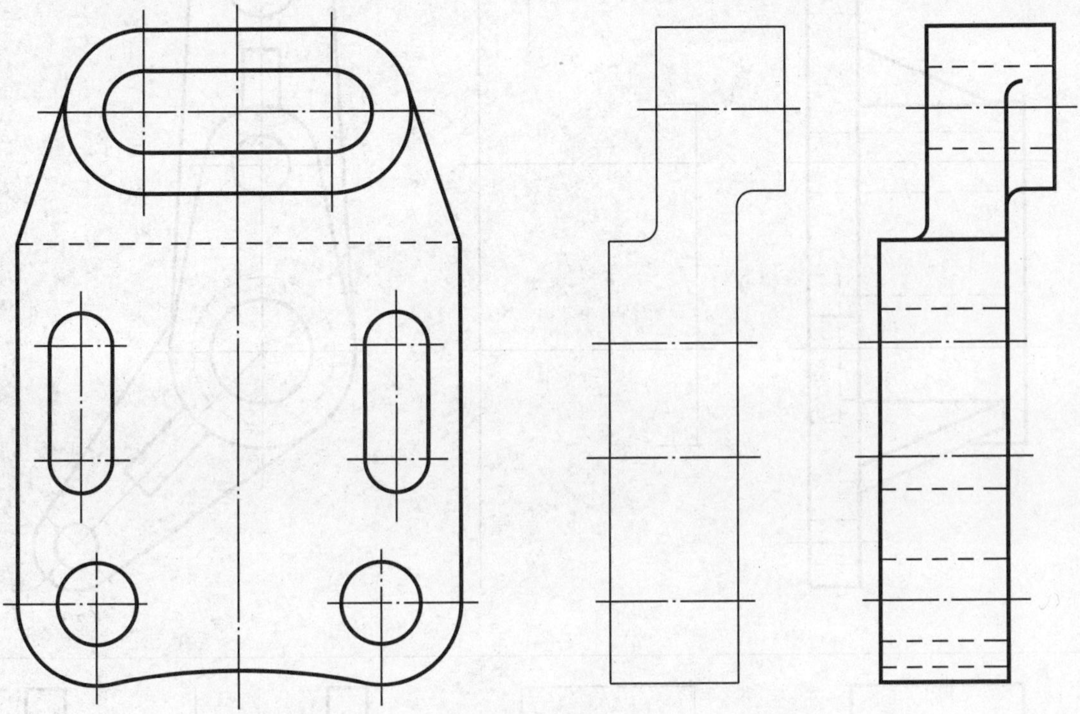

(2)

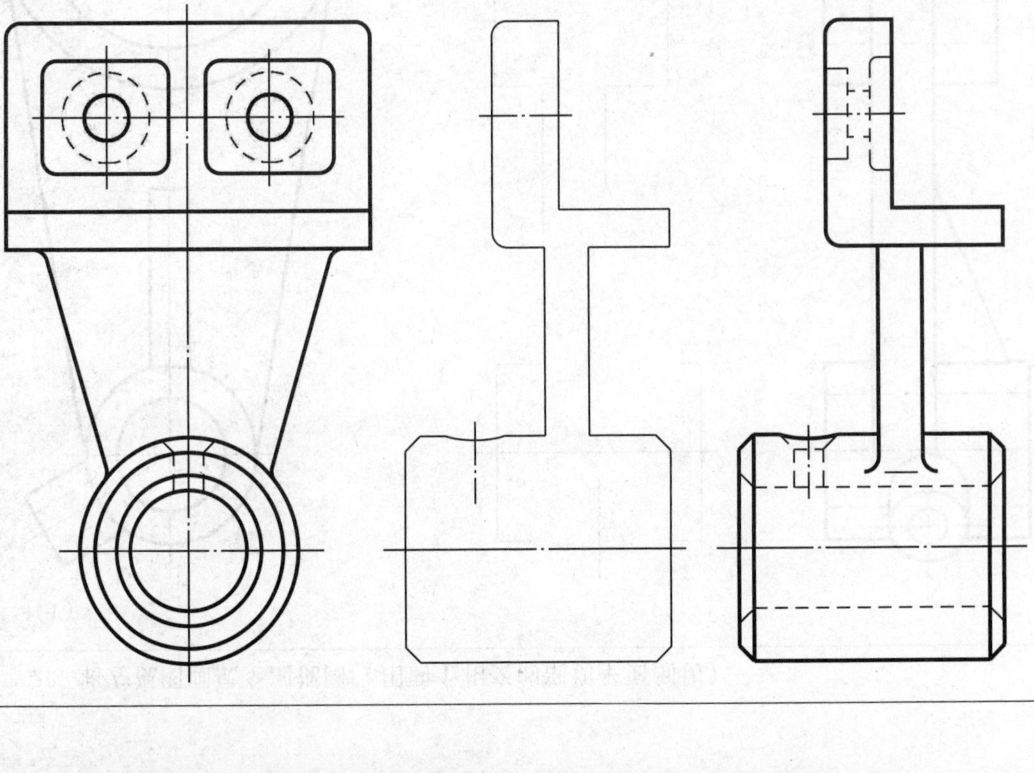

班级　　姓名

22. 将左视图画成全剖视图（用两个相交的剖切平面剖切）。

（1）

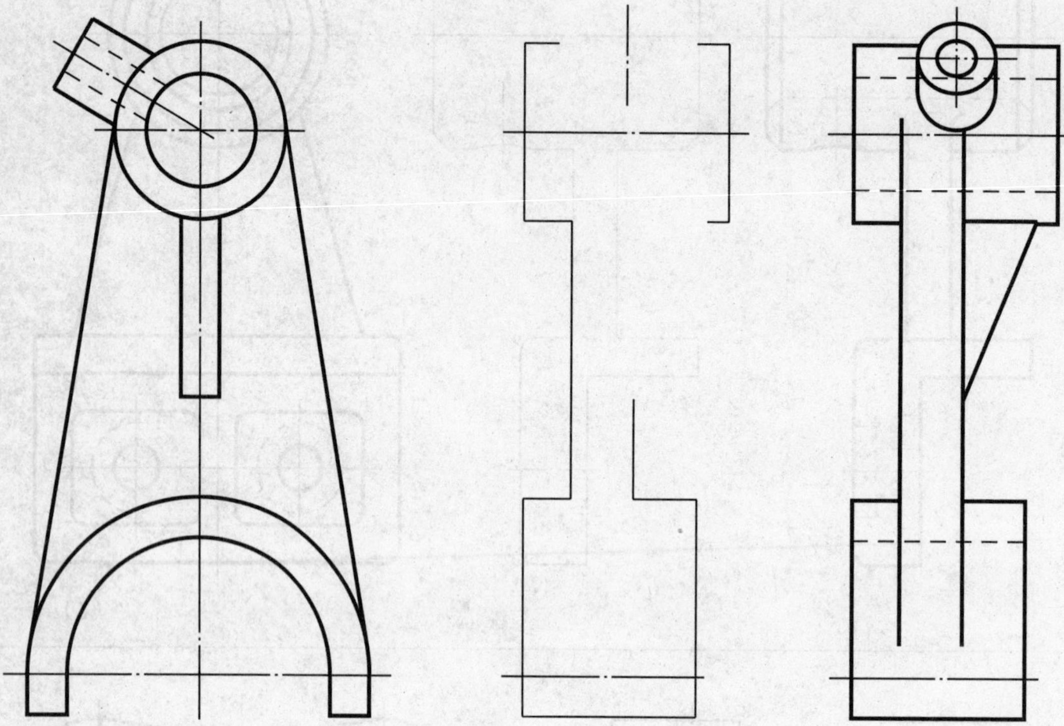

（2）

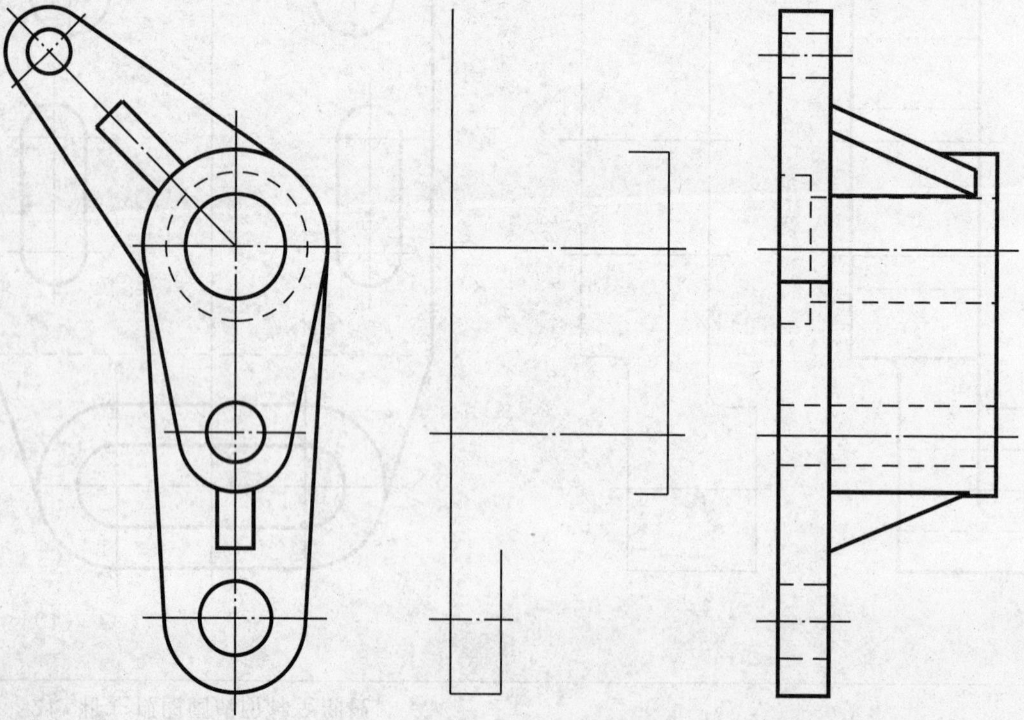

班级

姓名

23. 将主视图画成全剖视图（用两个相交的剖切平面剖切）。

（1）

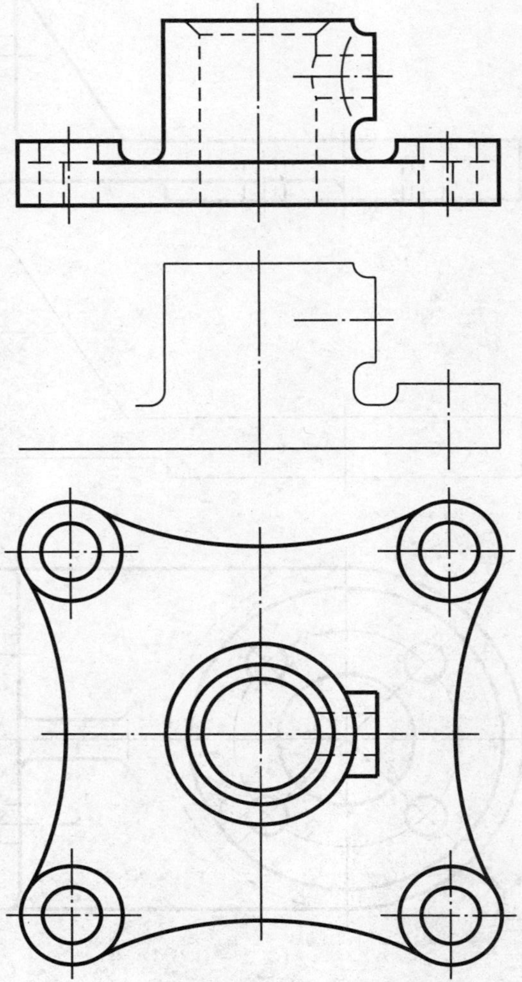

（2）

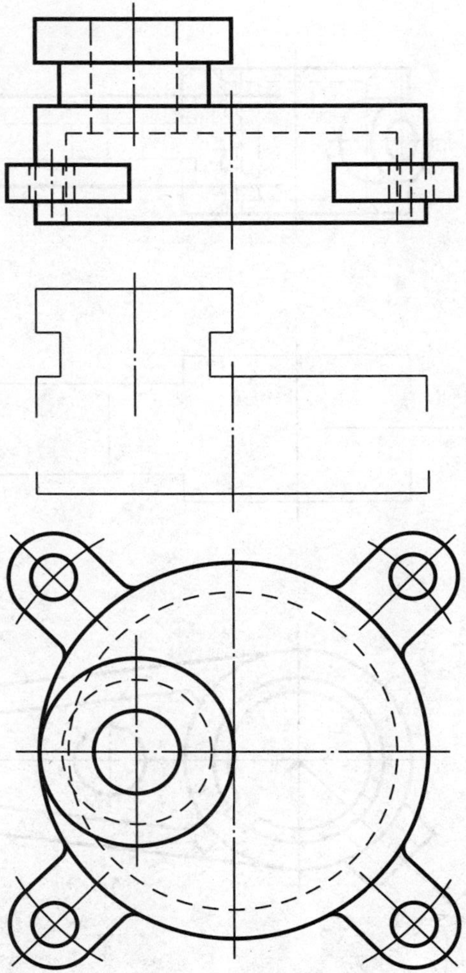

24. 根据两面视图，想象出零件的形状，并将左视图画成采用几个相交的剖切平面的剖视图。

(1)

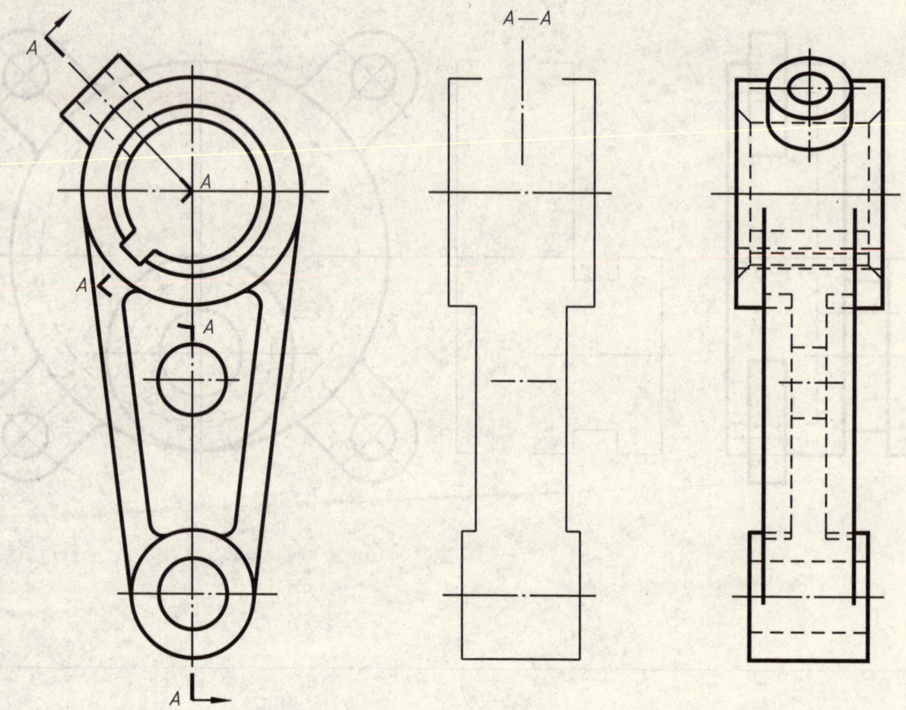

(2)

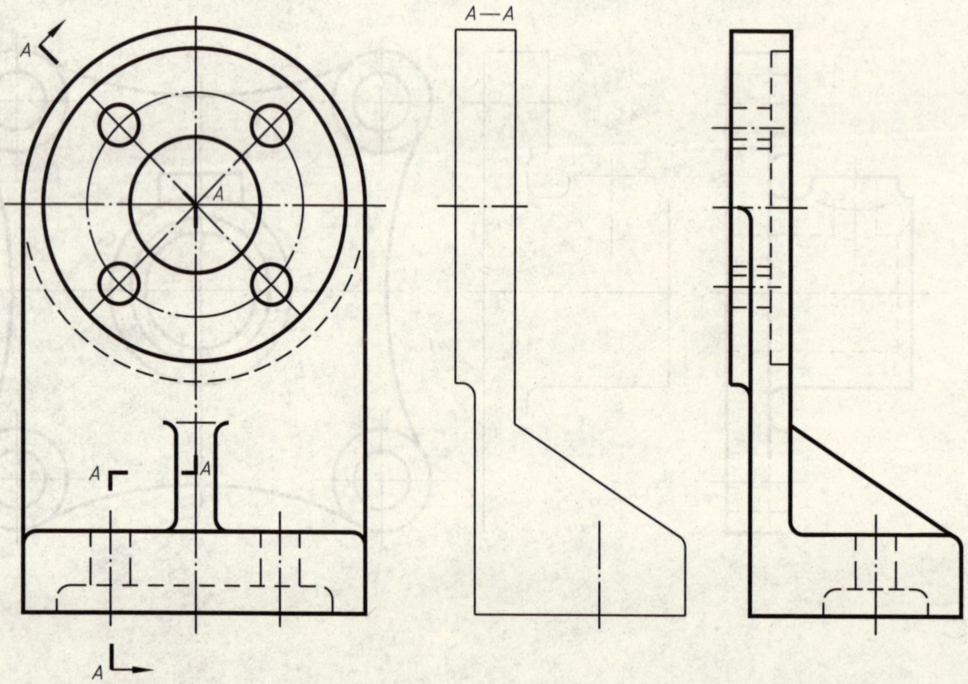

班级

姓名

25. 根据主视图和轴测图在三个指定的位置上画出其移出断面图和两个局部放大图（放大比例自选），并按国家标准的规定补全标注（图形比例是 1∶1）。

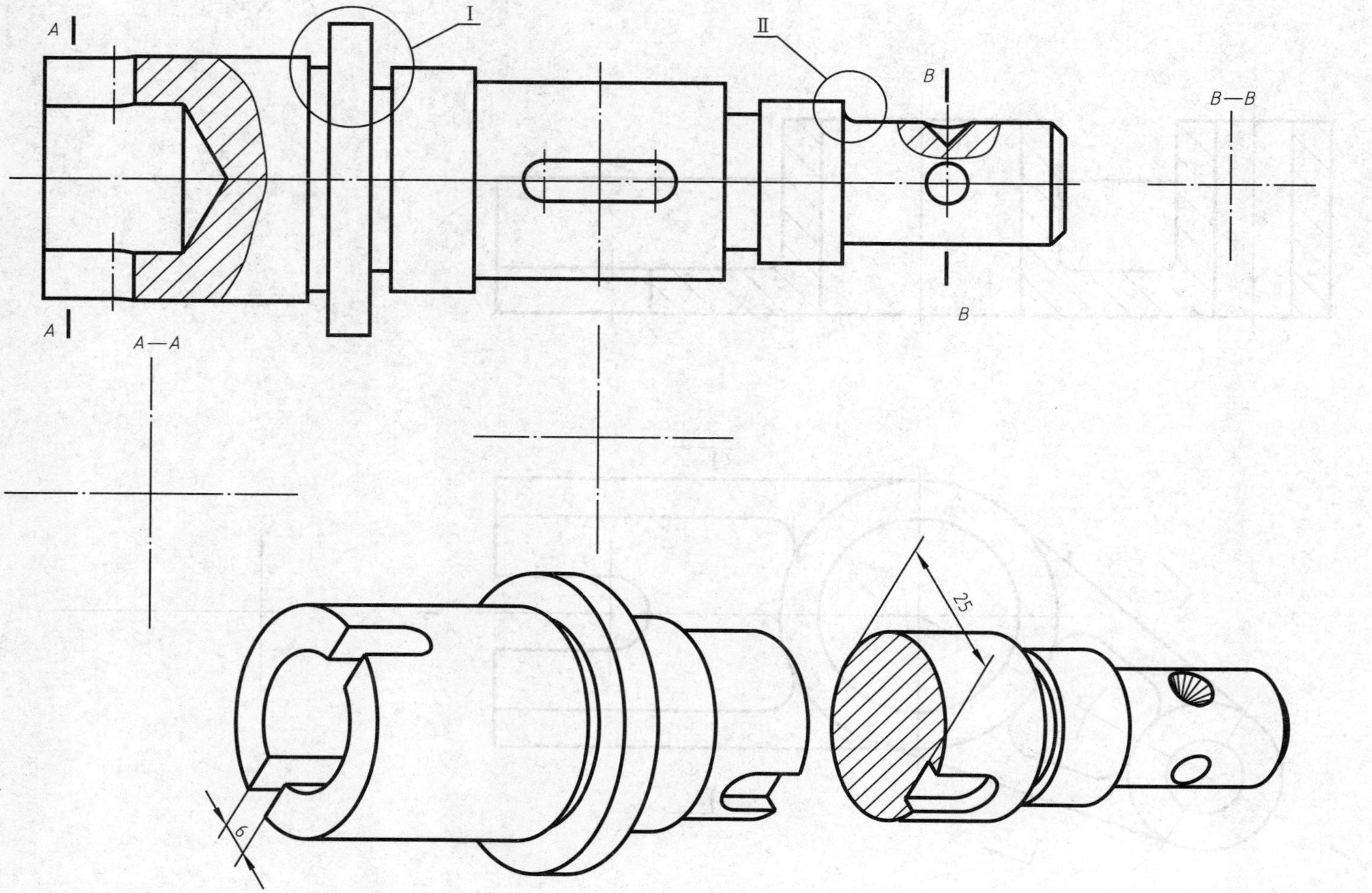

26. 读懂两视图，作出其移出断面图。

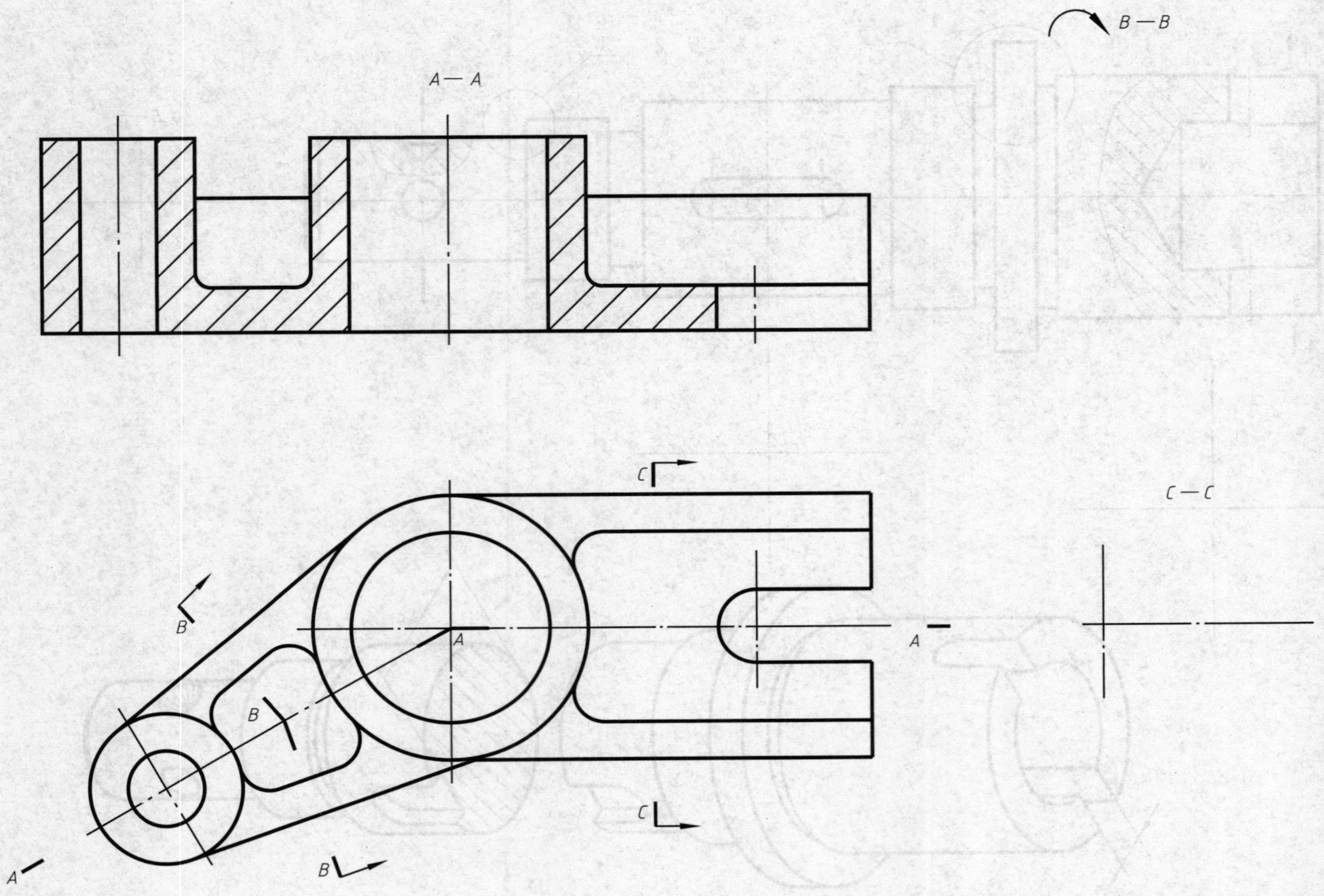

27. 根据已给视图在主视图的三个指定位置上画出其重合断面图。

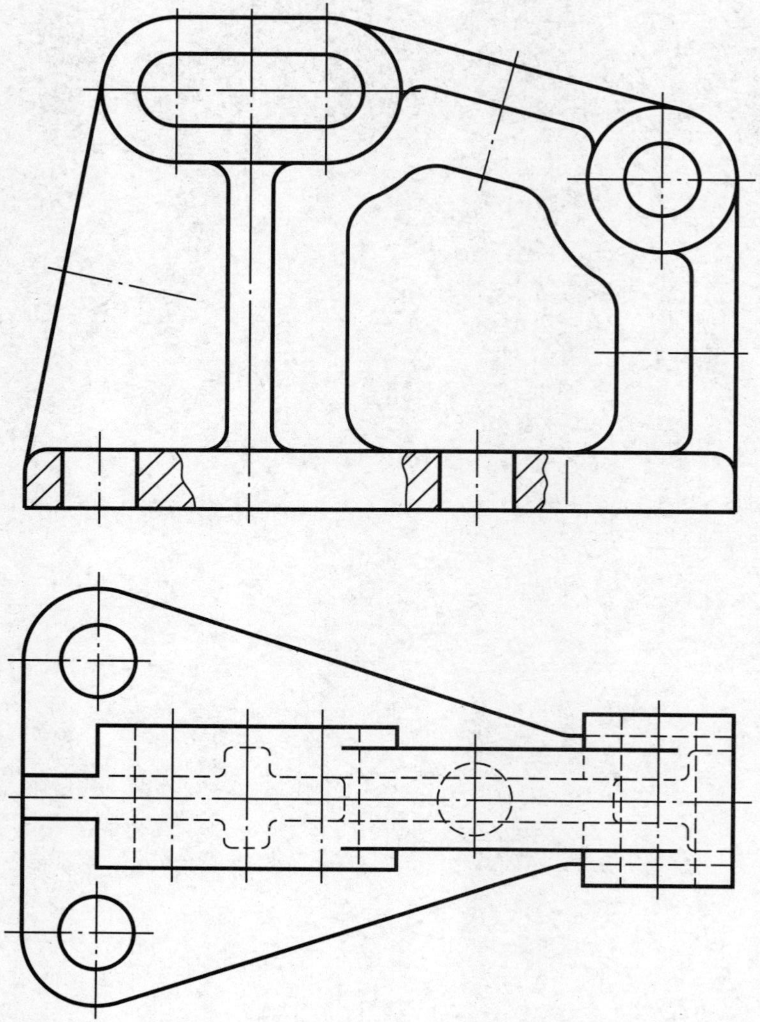

28. 将物体的主视图采用简化画法作全剖视图。

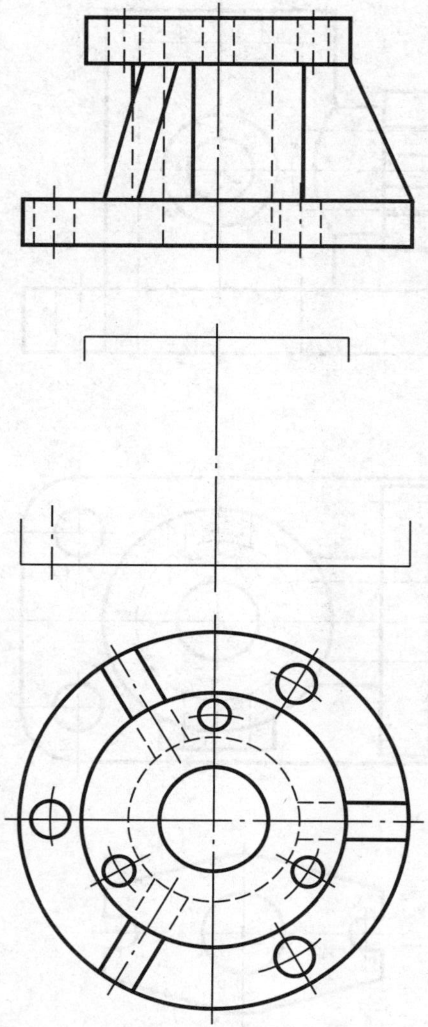

29. 根据所给视图，看懂物体的形状，选择适当的表达方法将物体的内、外形表达清楚（画在空白处）。

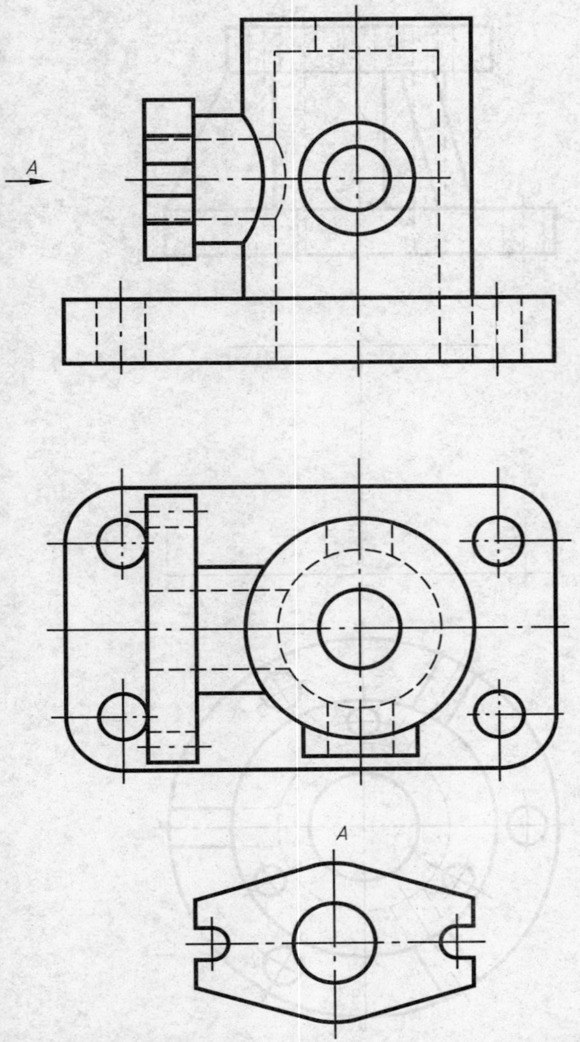

30. 根据已给的视图，选用适当的表达方法，在 A3 图纸上用 1:1 的比例重新表达该零件。

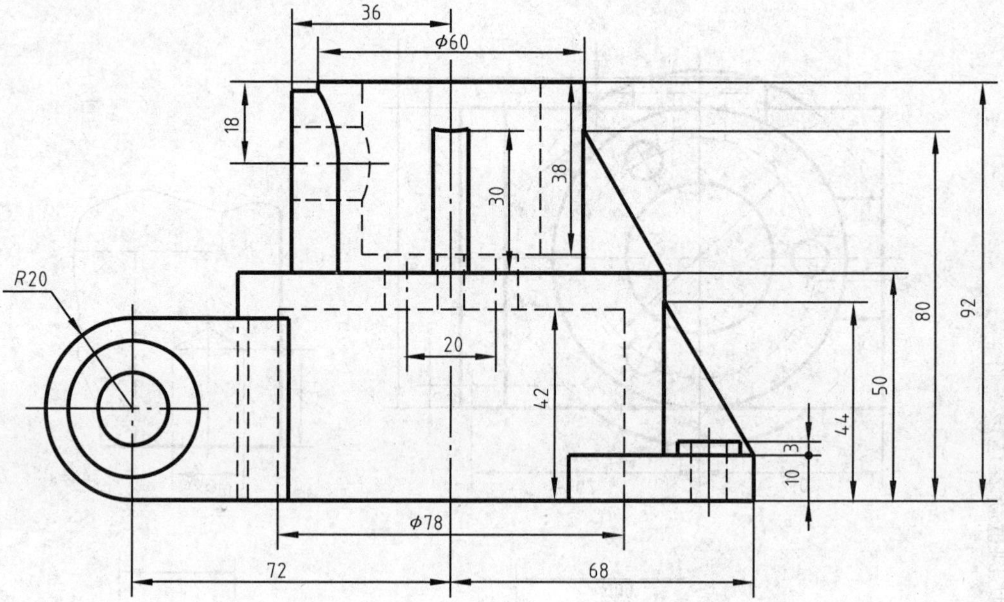

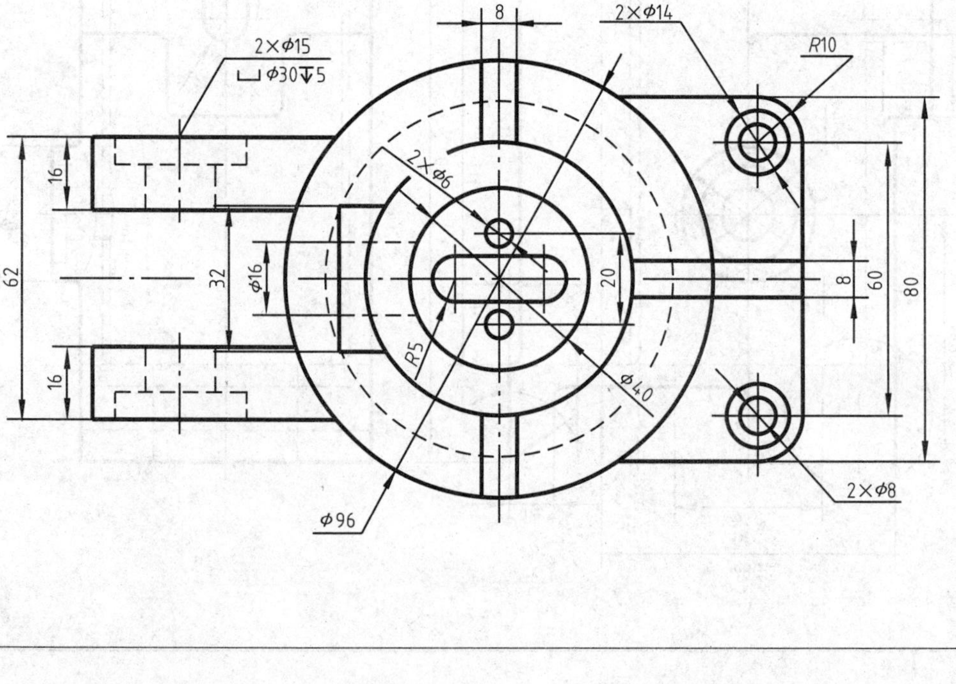

班级

姓名

班级　　　　姓名

31. 根据已给的视图，选用适当的表达方法，在 A3 图纸上用 1∶1 的比例重新表达该零件。

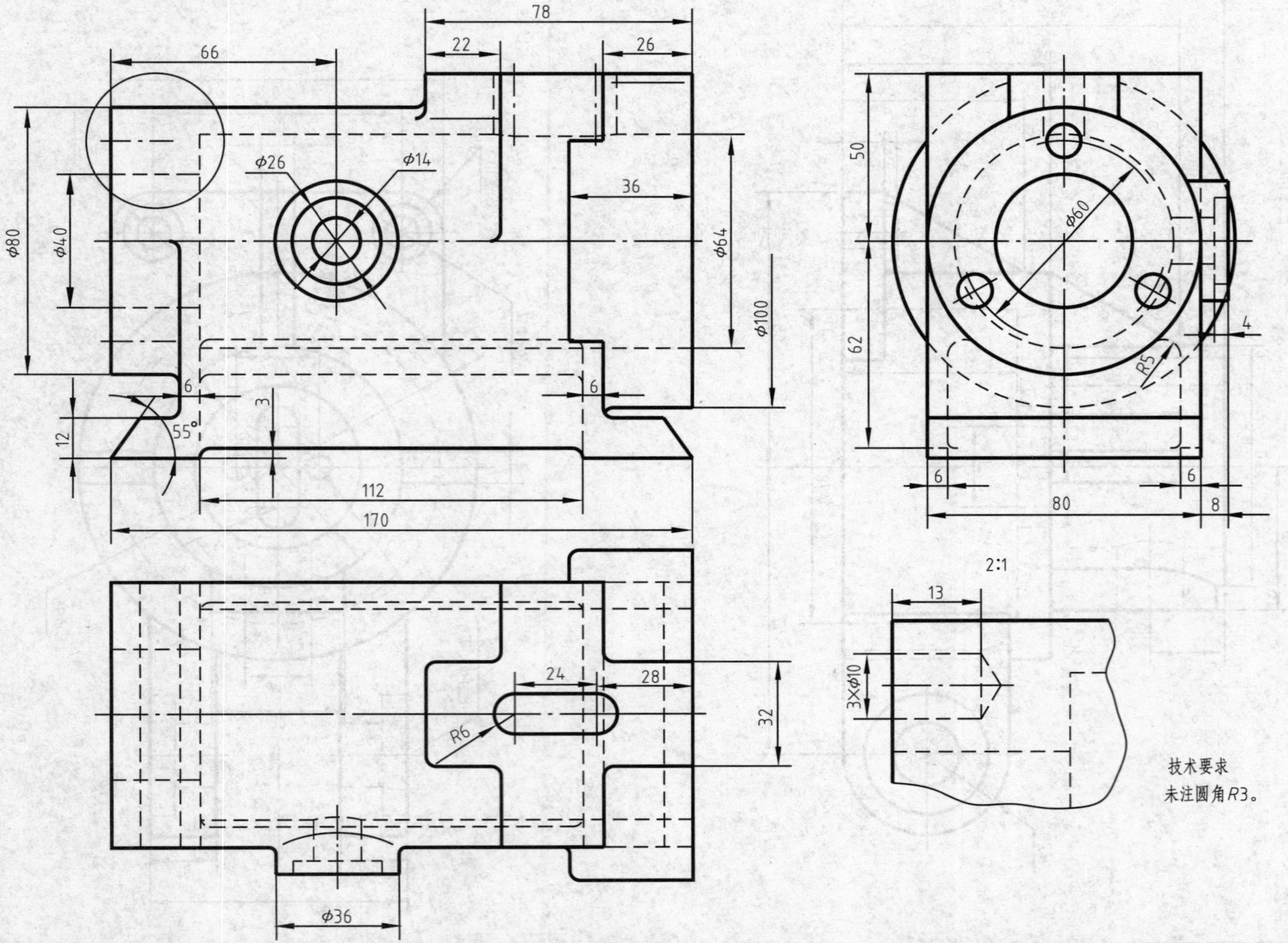

第 12 章　标准件与常用件

12-1　螺纹

班级　　　　姓名

1. 识别下列螺纹标记中各代号的意义，并填表。

螺纹标记	螺纹种类	螺纹大径	导程	螺距	线数	中径公差带代号	顶径公差带代号	旋向
M10-6H								
M10×1-5H-S-LH								
M20-6H-LH								
M20×1.5-7g6g								
Tr40×14（P7）-8c								
G3/8								

2. 改正螺纹画法中的错误，在其下方画出正确的视图。

（1）

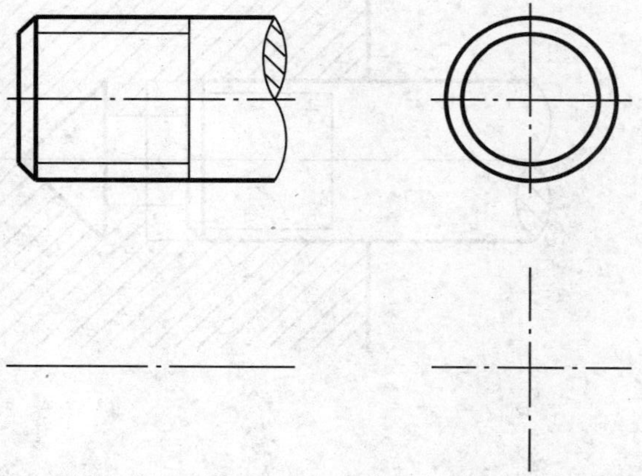

（2）

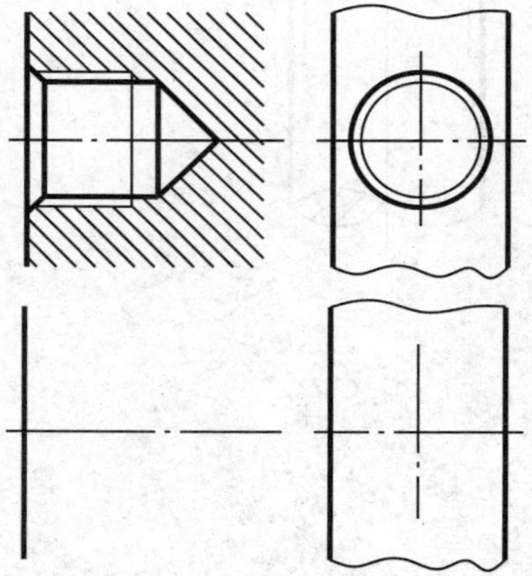

3. 指出下列螺纹联接画法中的错误，并在其旁边画出正确的视图。

(1)

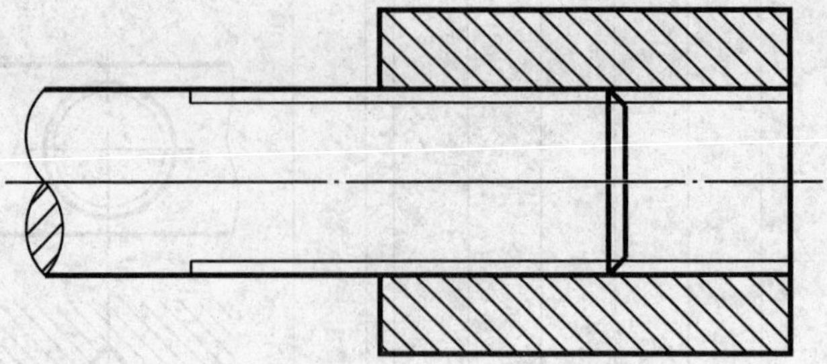

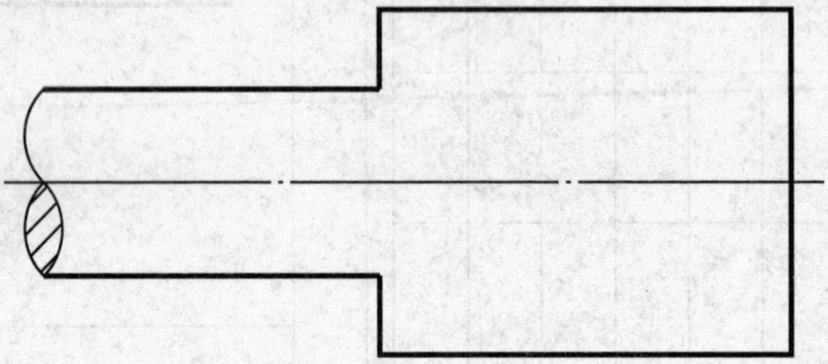

(2)

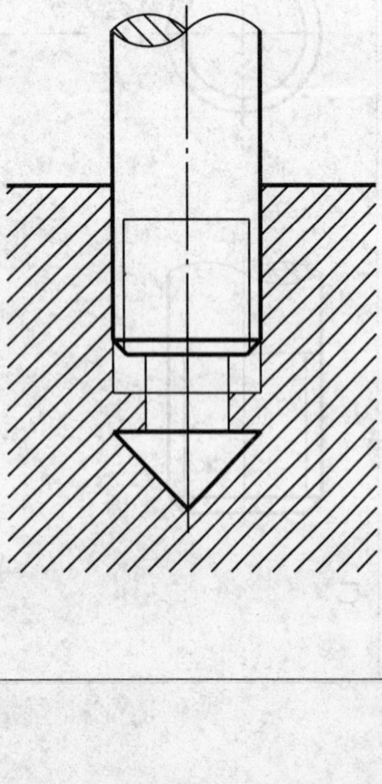

班级

姓名

4. 根据已给条件，将下列各图中的螺纹进行标注。

（1）普通螺纹：公称直径 $d = 20\text{mm}$，螺距 $P = 2.5\text{mm}$，右旋，中等旋合长度，中径公差带、顶径公差带代号均为 6h。

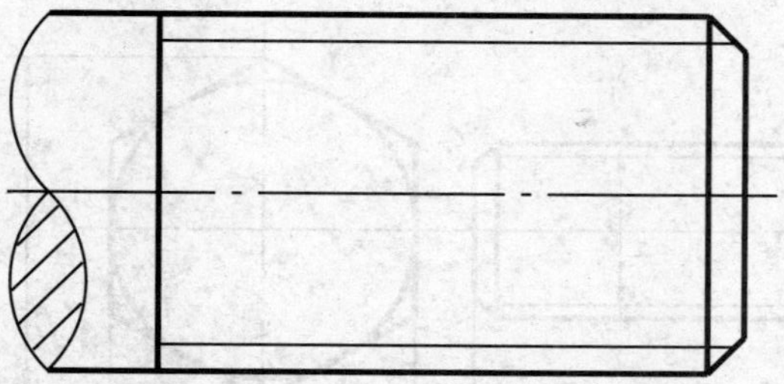

（2）普通螺纹：公称直径 $D = 24\text{mm}$，螺距 $P = 1.5\text{mm}$，左旋，中等旋合长度，中径公差带、顶径公差带代号均为 6H。

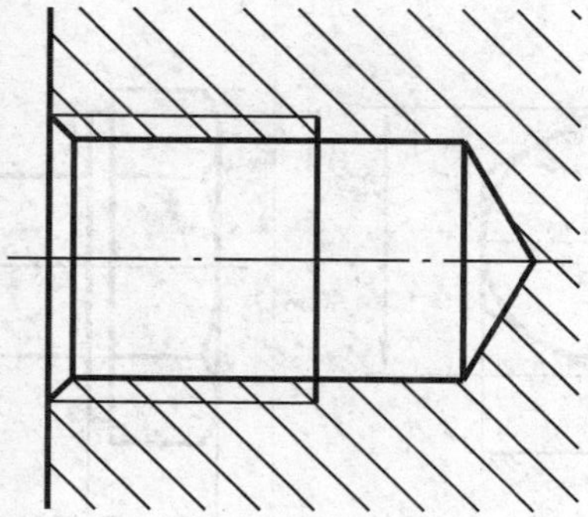

（3）55°非密封管螺纹：尺寸代号为 1。

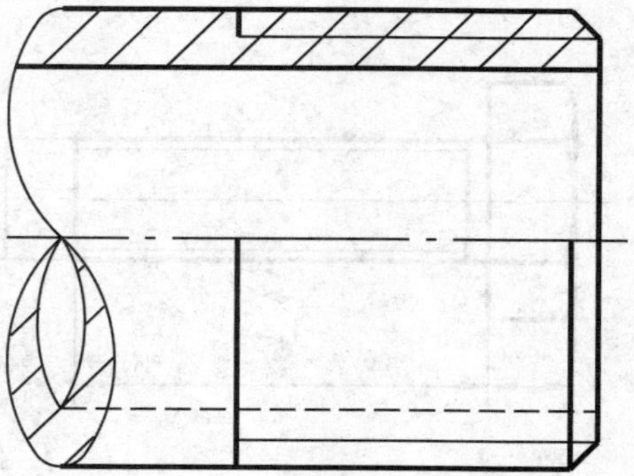

（4）55°密封管螺纹：尺寸代号为 $1\frac{1}{4}$。

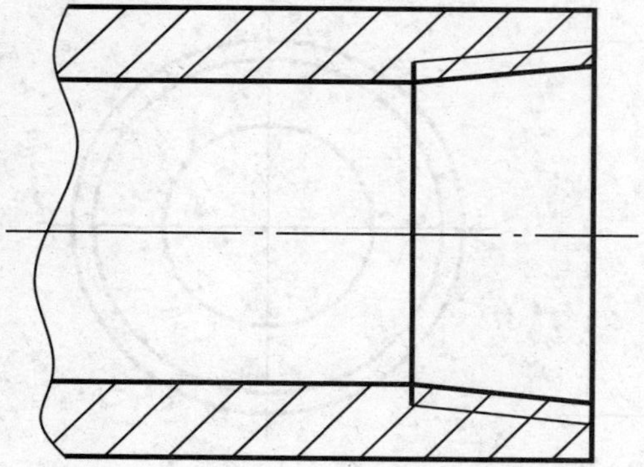

（5）55°密封管螺纹：尺寸代号为 3/8。

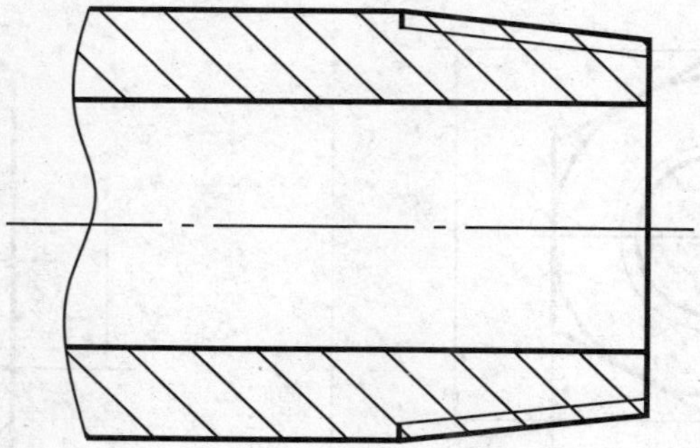

（6）梯形螺纹：公称直径 $d = 32\text{mm}$，螺距 $P = 6\text{mm}$，双线螺纹，左旋，中径公差带代号为 7e。

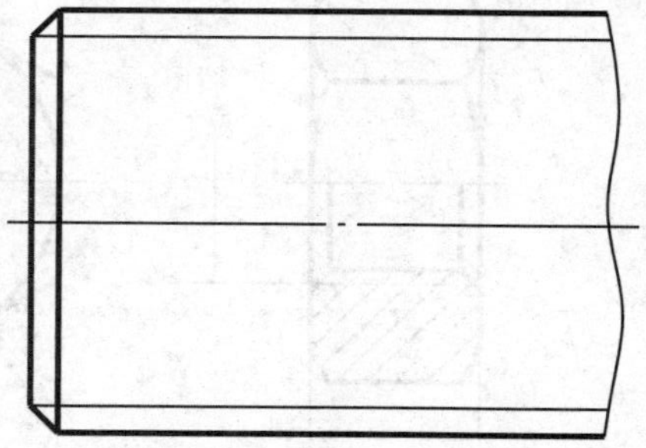

5. 查表标注下列各联接件的尺寸线处的尺寸，并填写联接件的规定标记。

（1）A 级六角头螺栓：螺纹规格 d = M12，公称长度 l = 40mm，全螺纹。

规定标记__________

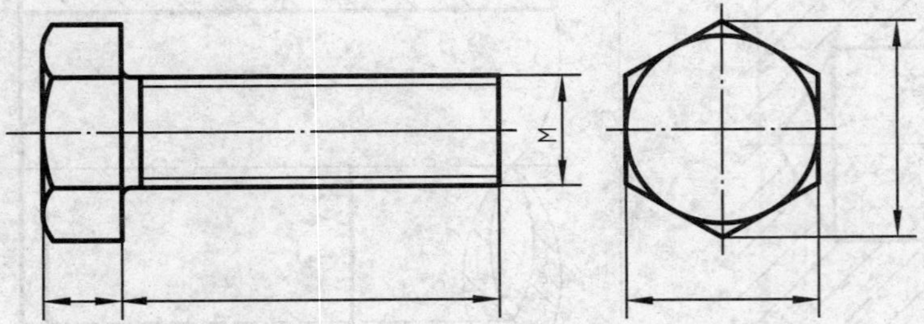

（2）A 级六角头螺栓：螺纹规格 d = M16，公称长度 l = 60mm。

规定标记__________

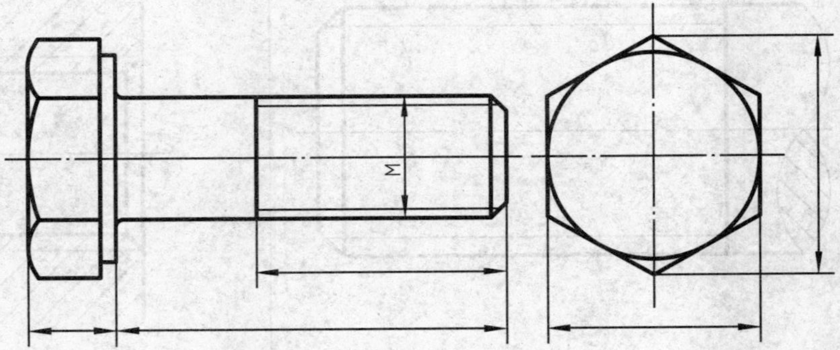

（3）A 级 1 型倒角六角螺母：螺纹规格 d = M16。

规定标记__________

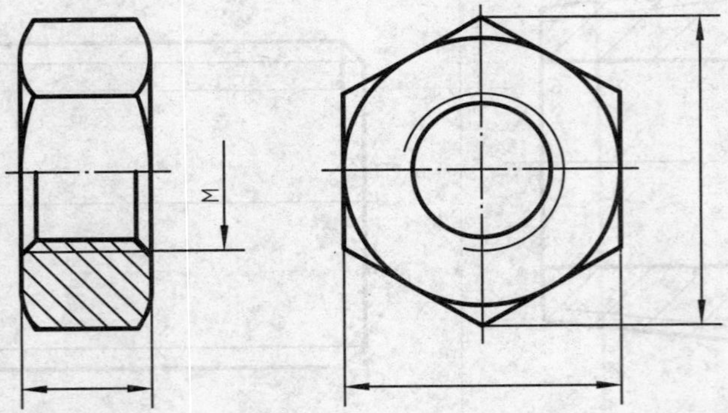

（4）A 级倒角型平垫圈：公称尺寸 d = 14mm。

规定标记__________

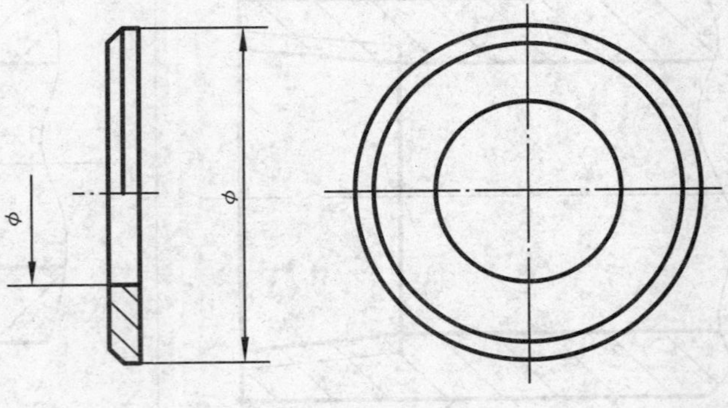

6. 将下列螺栓、螺钉联接中的错误画法圈出，并在其旁边画出正确的视图。

(1)

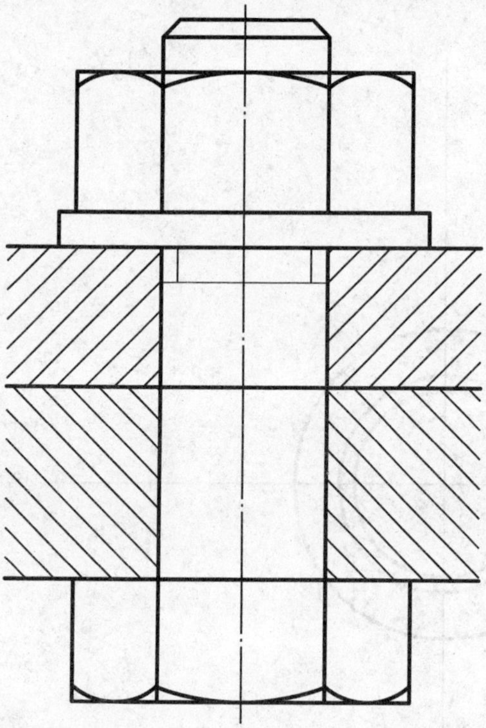

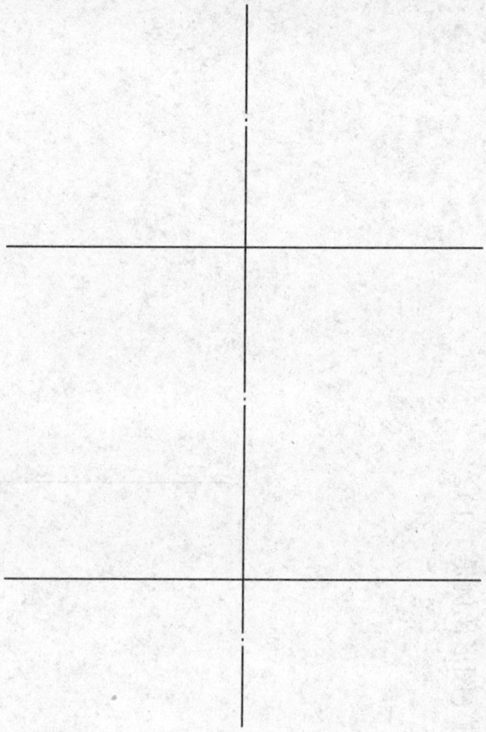

(2)

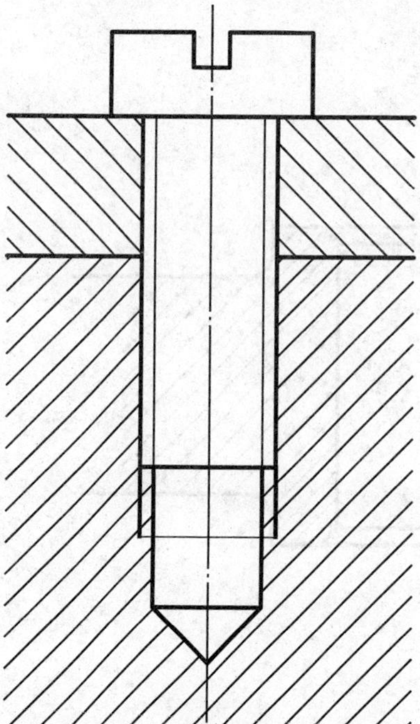

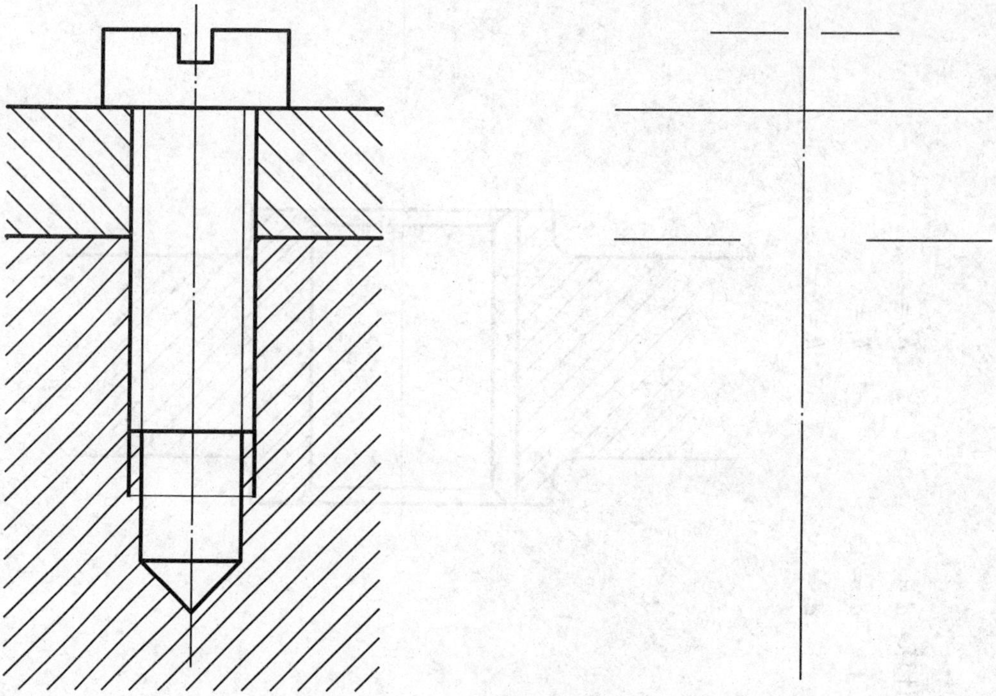

班级　　　　姓名

7. 已知直齿圆柱齿轮 $m=4\text{mm}$，$z=22$，补画出齿轮的两视图（图形比例是 1∶1）。

计算：$d=$　　　　$h_a=$

$d_a=$　　　　$h_f=$

$d_f=$　　　　$h=$

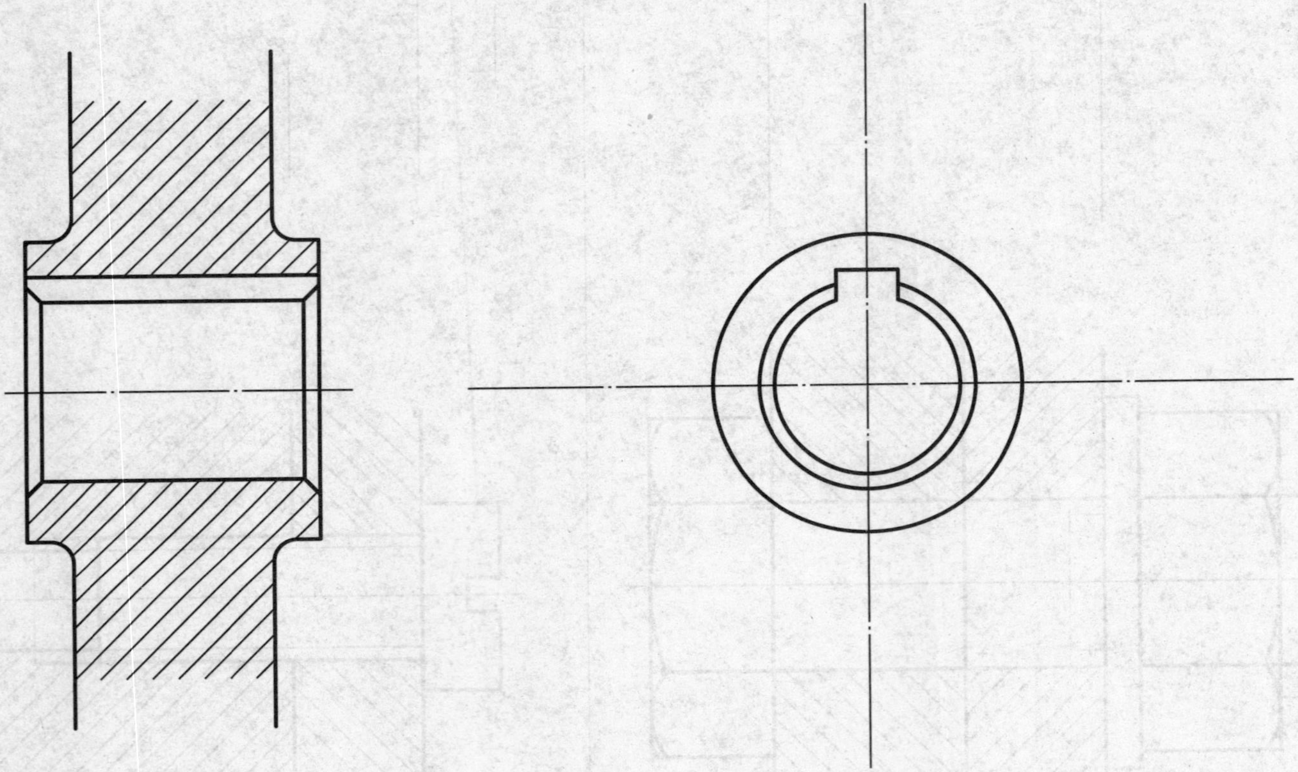

8. 已知两平板直齿圆柱齿轮 $m=3\text{mm}$，$z_1=18$，$z_2=22$，完成两齿轮啮合图（主视图全剖视，图形比例是1:1）。

计算：

$d_1=$

$d_2=$

$d_{a1}=$

$d_{a2}=$

$d_{f1}=$

$d_{f2}=$

$a=$

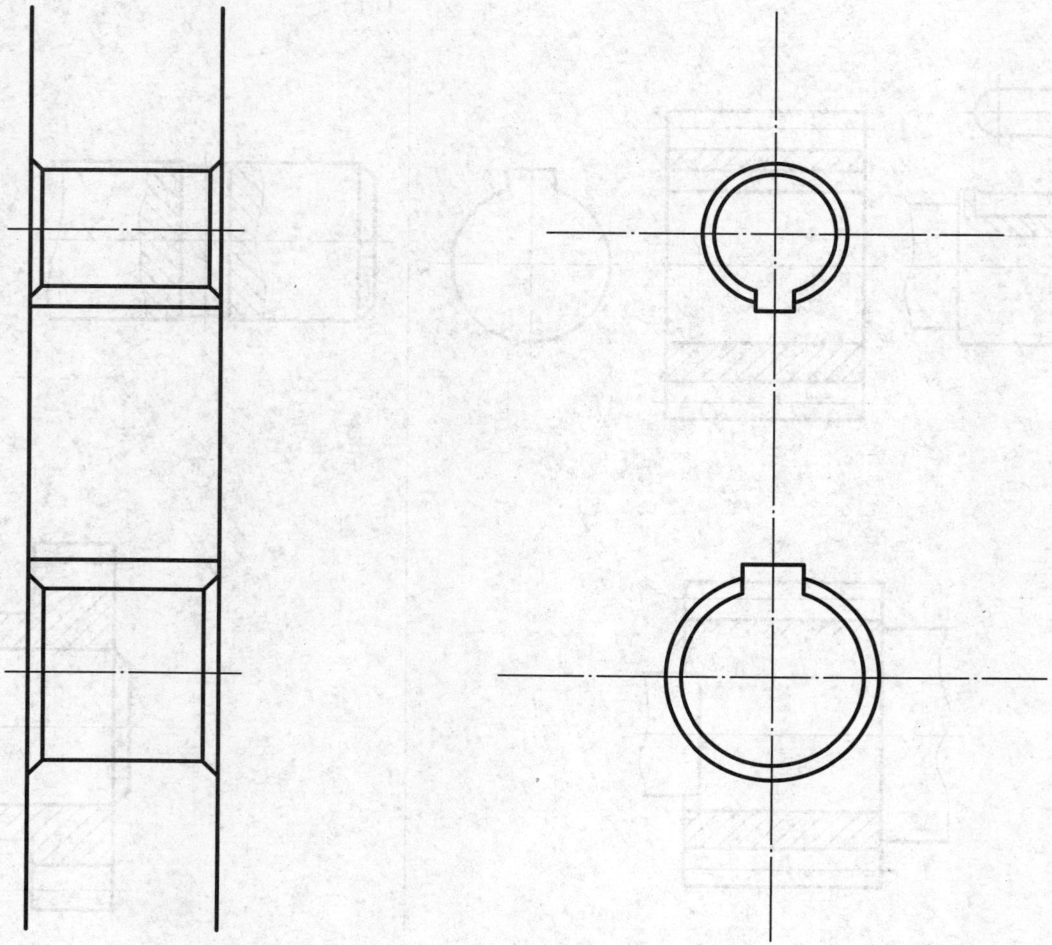

9. 图 a 为轴和齿轮的视图，画出用普通型平键（GB/T 1096 6×6×20）联接轴和齿轮的装配图（见图 b）。（图形比例是 1:1）

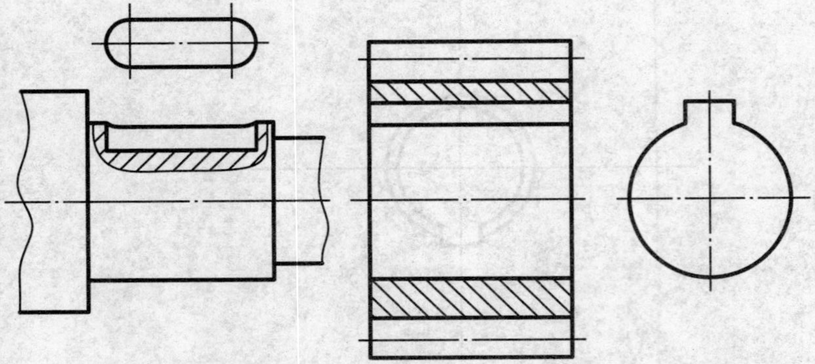

a)

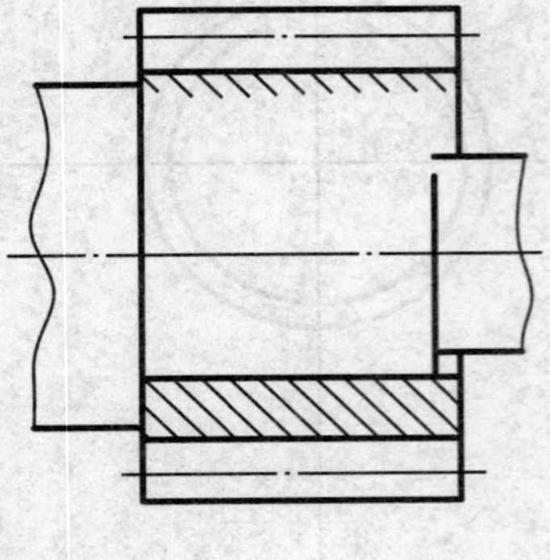

b)

10. 图 a 为轴、齿轮和销的视图，画出用销（GB/T 119.1—2000 6m6×30）联接轴和齿轮的装配图（见图 b）。（图形比例是 1:1）

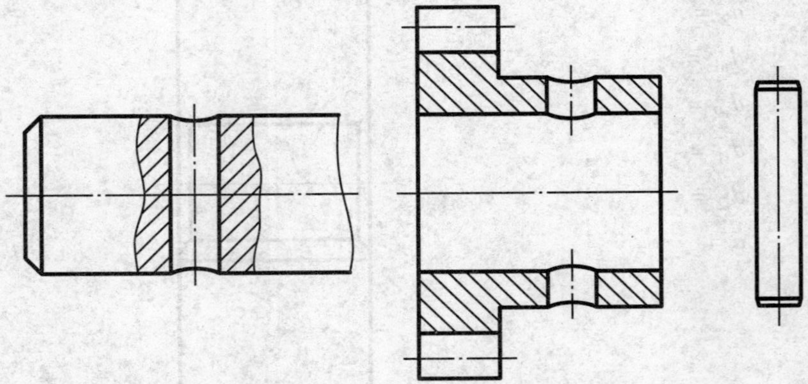

a)

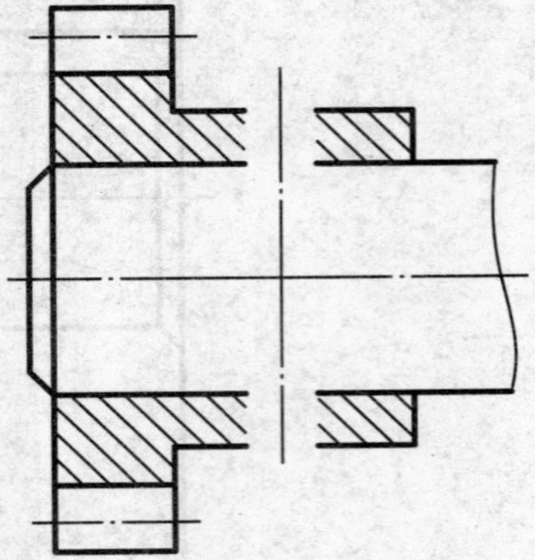

b)

11. 按题目所给已知条件，分别用特征画法、规定画法画出深沟球轴承。

滚动轴承 GB/T 276—2013 6306

12. 已知圆柱螺旋压缩弹簧的簧丝直径 $d=6$mm，弹簧外径 $D_2=60$mm，节距 $t=10$mm，有效圈数 $n=8$，支承圈数 $n_2=2.5$，右旋。用 1∶1 的比例画出弹簧的全剖视图（轴线水平放置）。

第 13 章　机械图样中的技术要求

13-1　表面结构

班级　　　　姓名

1. 检查表面结构代号注法上的错误，在下图正确标注。

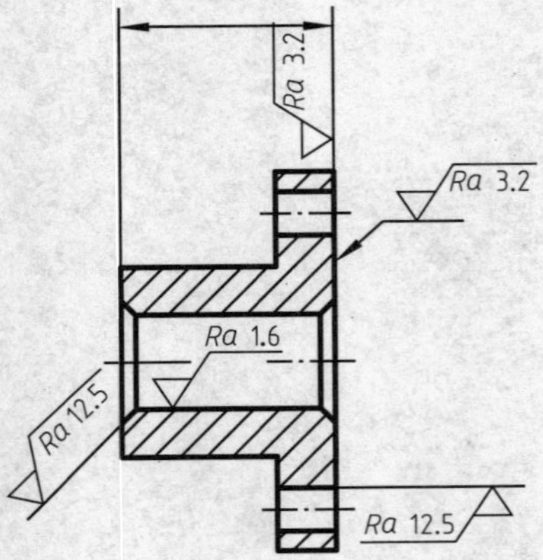

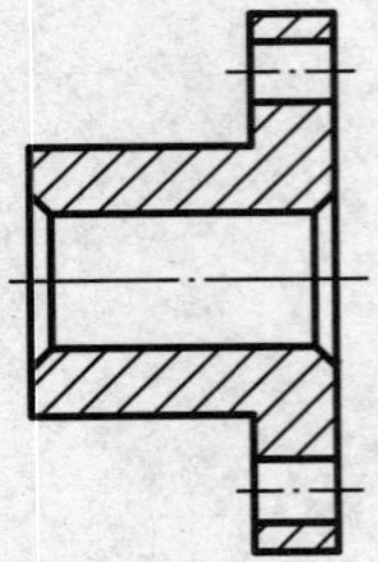

2. 标注零件表面结构代号，各表面结构要求：

1）$\phi30$、$\phi28$ 外圆柱表面经切削加工后，其表面粗糙度 *Ra* 为 16μm。

2）M20 × 1.5 螺纹表面经切削加工后，其表面粗糙度 *Ra* 为 3.2μm。

3）键槽工作表面经切削加工后，其表面粗糙度 *Ra* 为 3.2μm，底面粗糙度 *Ra* 为 6.3μm。

4）$\phi4$ 锥销孔表面经切削加工后，其表面粗糙度 *Ra* 为 1.6μm。

5）其余表面经切削加工后，其表面粗糙度 *Ra* 为 12.5μm。

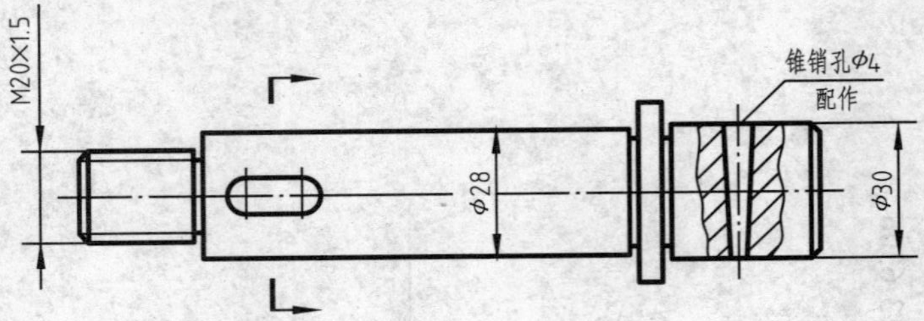

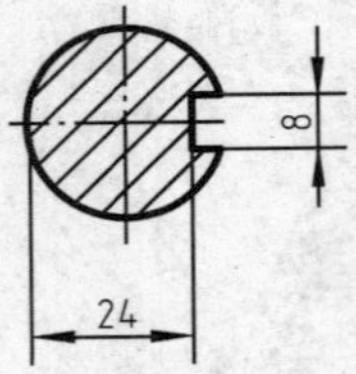

3. 根据装配图上所注的尺寸及配合代号，在孔与轴的零件图上，同时标注公差带代号与极限偏差。

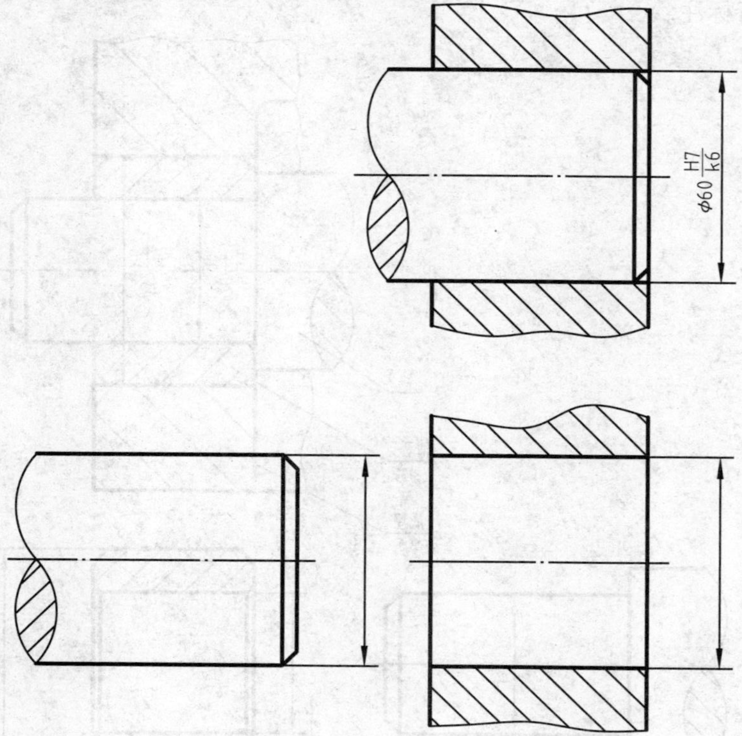

填空：

1）孔与轴的公称尺寸为______，该配合采用基______制。

2）该配合为________配合（间隙、过渡、过盈）。

3）轴的公差等级为______级，轴的上极限尺寸为______。

4）轴的下极限尺寸为________，轴的公差为________。

4. 已知孔与轴配合的公称尺寸为120，采用基轴制，孔的基本偏差为P，公差等级：孔为7级，轴为6级，要求在图上进行正确标注（零件图上必须查表注出极限偏差值）。

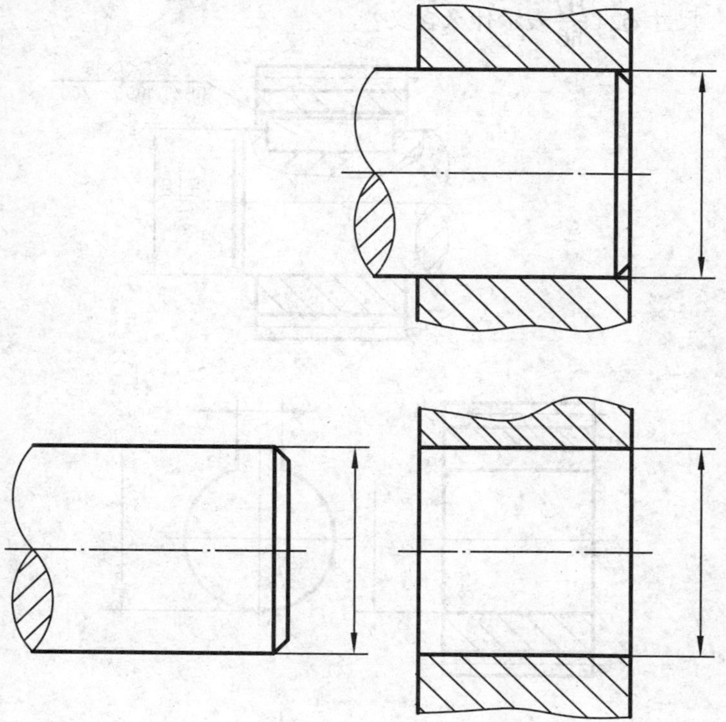

填空：

1）该配合为________配合（间隙、过渡、过盈）。

2）孔的上极限尺寸为__________。

3）孔的下极限尺寸为__________。

4）孔的公差为__________。

5. 根据装配图上所注的尺寸及配合代号，在孔与轴的零件图上，查表注出直径与键槽的断面尺寸以及它们的极限偏差值。

回答问题：

尺寸 $\phi 24\frac{H7}{h6}$ 表示什么含义？

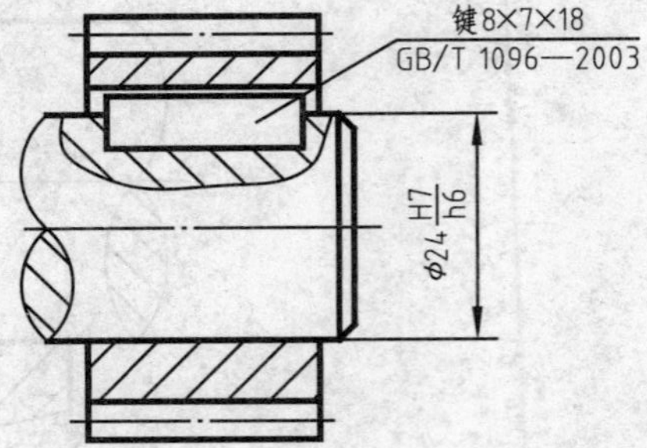

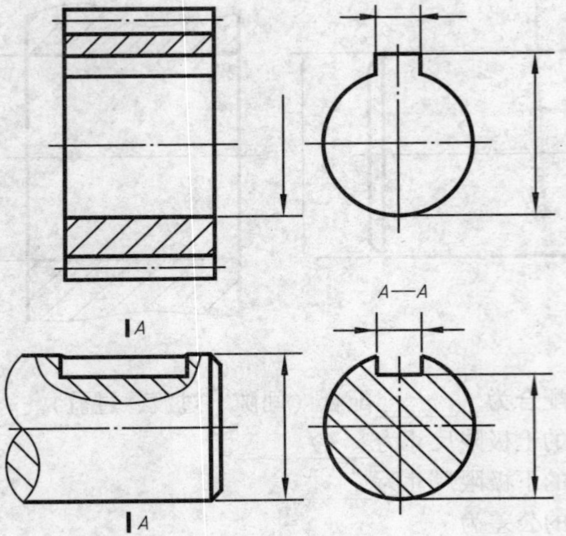

6. 根据装配图上所注的尺寸及配合代号，在轴套与轴的零件图上，采用同时标注公差带代号与极限偏差的形式，通过查表进行标注。

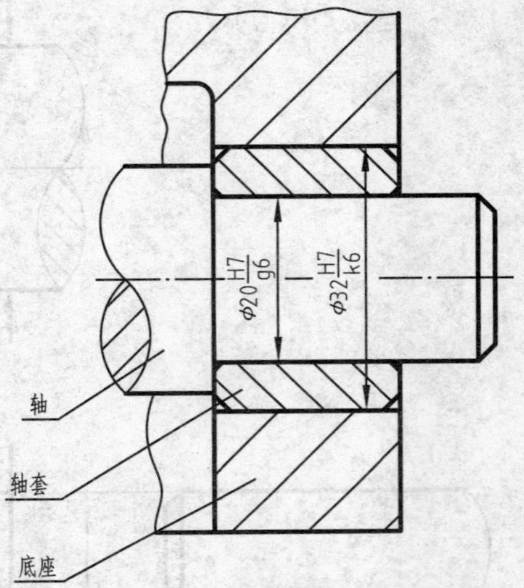

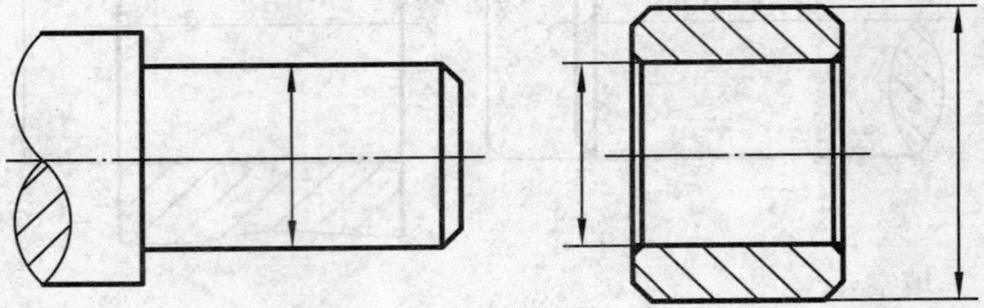

填空：

1）$\phi 32$ 配合面采用基______制，该配合为______配合。

2）轴套外径的上极限尺寸为______，公差为______。

3）$\phi 20$ 配合面采用基______制，该配合为______配合。

4）轴 $\phi 20$ 的上下极限尺寸分别为______、______。

7. 查表注出下列各配合零件的尺寸极限偏差值。

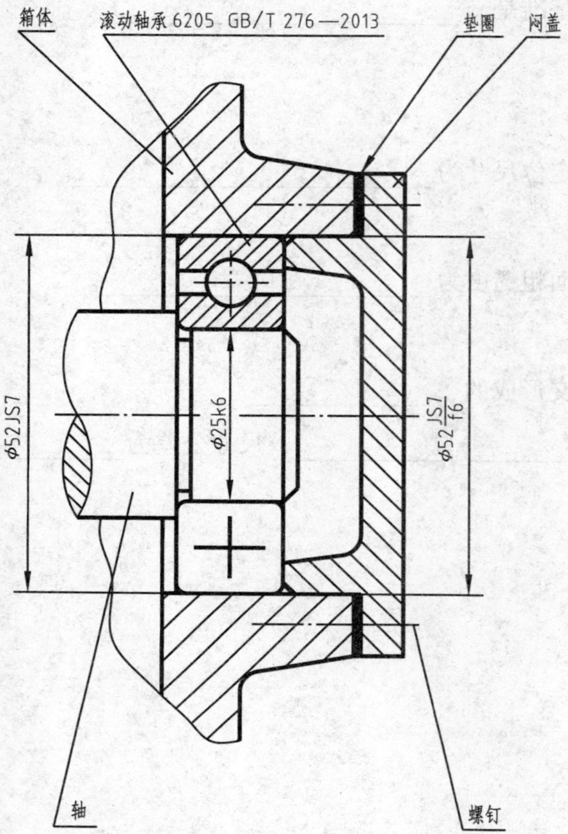

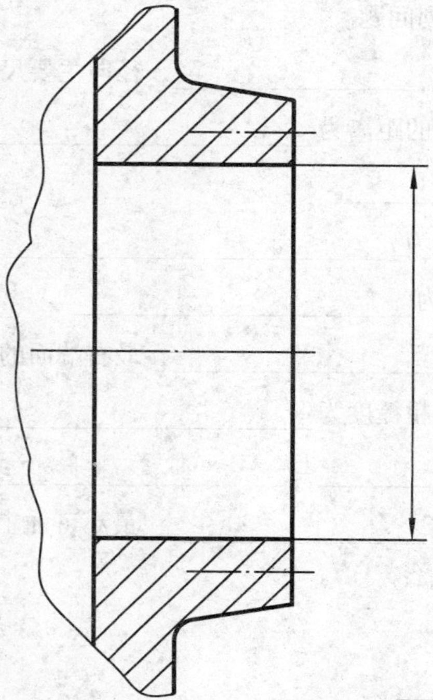

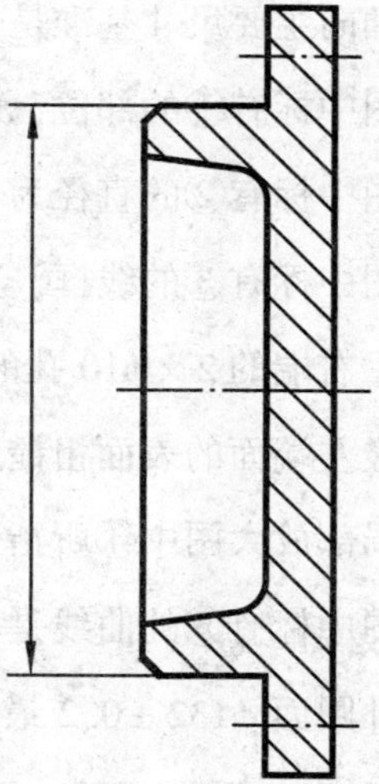

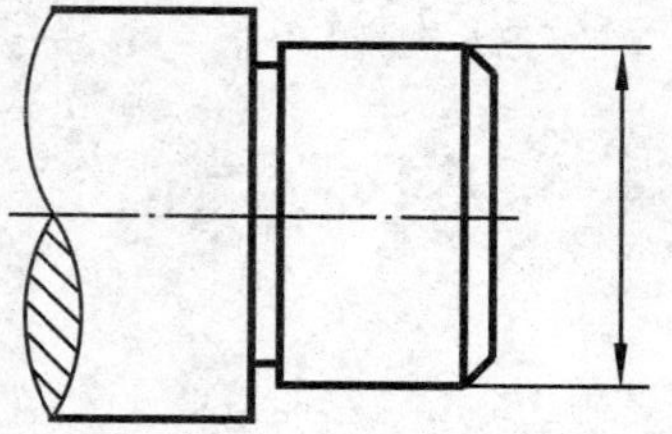

第 14 章　零　件　图

班级　　　　姓名

1. 读第 111 页套筒零件图，回答下列问题。

1）轴向主要尺寸基准是________________，径向主要尺寸基准是________________。

2）图中标有①的部位，两条虚线间的距离为________________。

3）图中标有②的直径为__________。

4）图中标有③的线框，其定形尺寸为________________，定位尺寸为________________。

5）靠右端的 $2\times\phi10$ 孔的定位尺寸为________________。

6）最左端面的表面粗糙度为________________，最右端面的表面粗糙度为________________。

7）局部放大图中④所指位置的表面粗糙度为________________。

8）图中标有⑤的曲线是由__________与__________相交形成的__________。

9）外圆面 $\phi132\pm0.2$ 最大可加工成__________，最小可加工成__________，尺寸公差为__________。

10）补画 K 局部视图。

班级　　　　　姓名

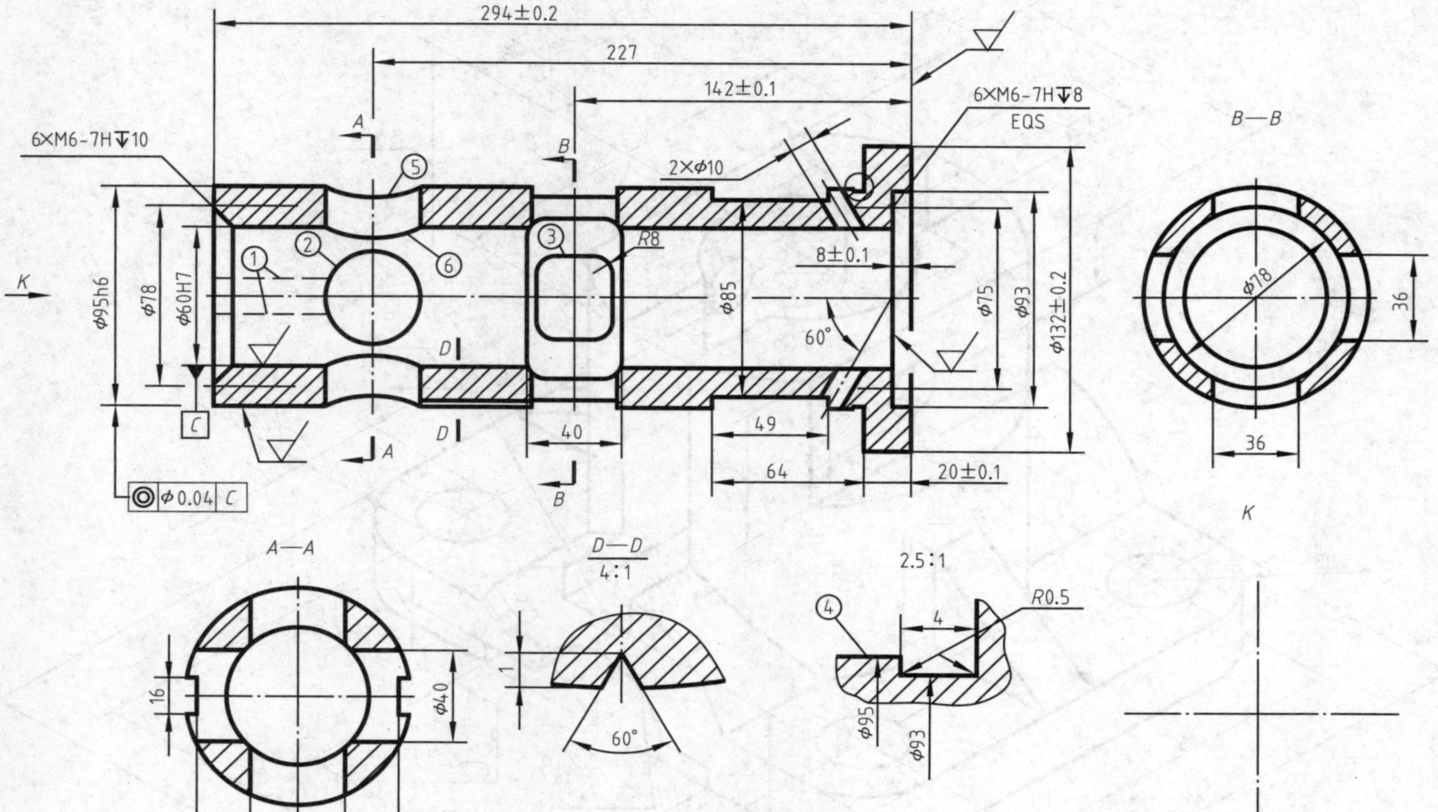

技术要求

1. 未注倒角C2。

2. $\sqrt{}$ = $\sqrt{Ra\ 1.6}$ 。

$\sqrt{Ra\ 6.3}$ ($\sqrt{}$)

班级 姓名

2. 画座盖的零件图（A3 图纸，比例 1:1）。

材料：HT150

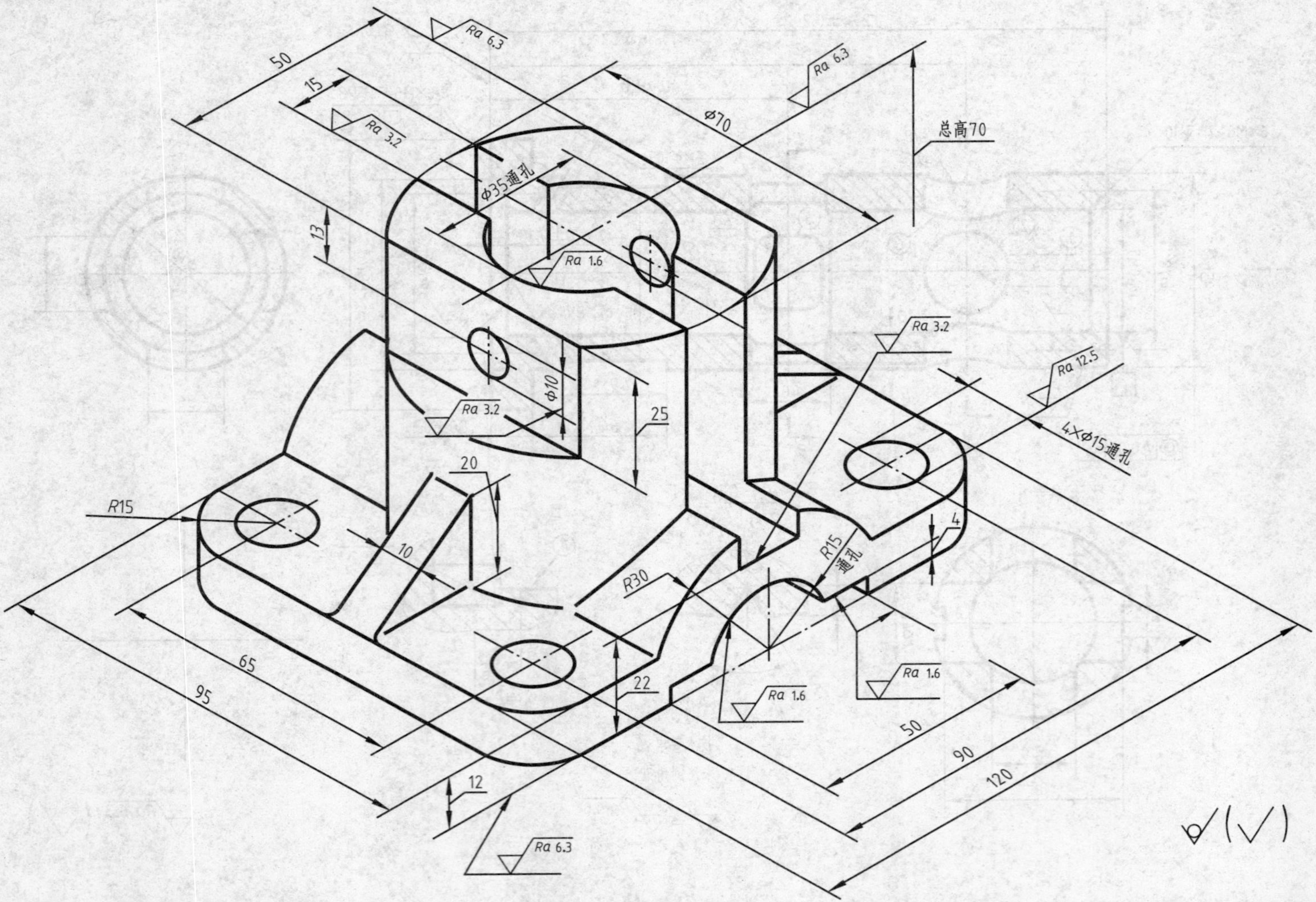

3. 读懂零件图，想象出形状，分析尺寸标注和技术要求，并画出 C—C 半剖视。

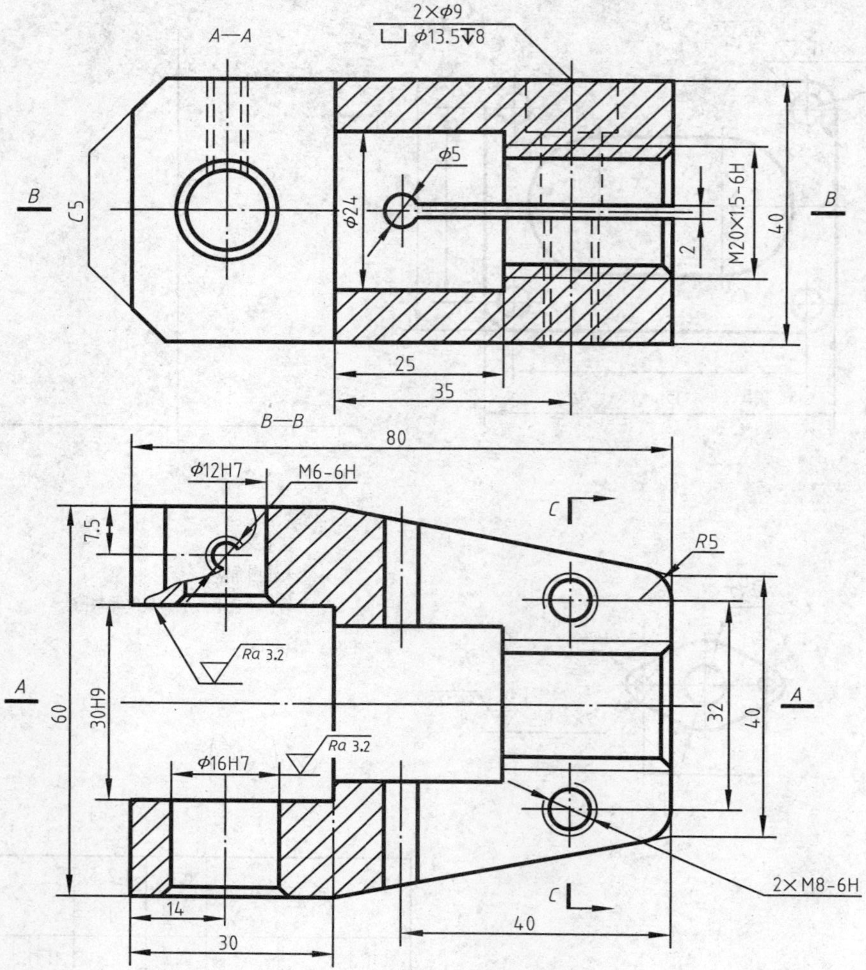

C—C

技术要求
未注倒角C1.5。

$\sqrt{Ra\ 12.5}$ ($\checkmark$)

连接块			比例		
			数量		
设计			重量		材料
制图					
审核					

4. 读底座零件图，在指定位置画出左视图外形图。

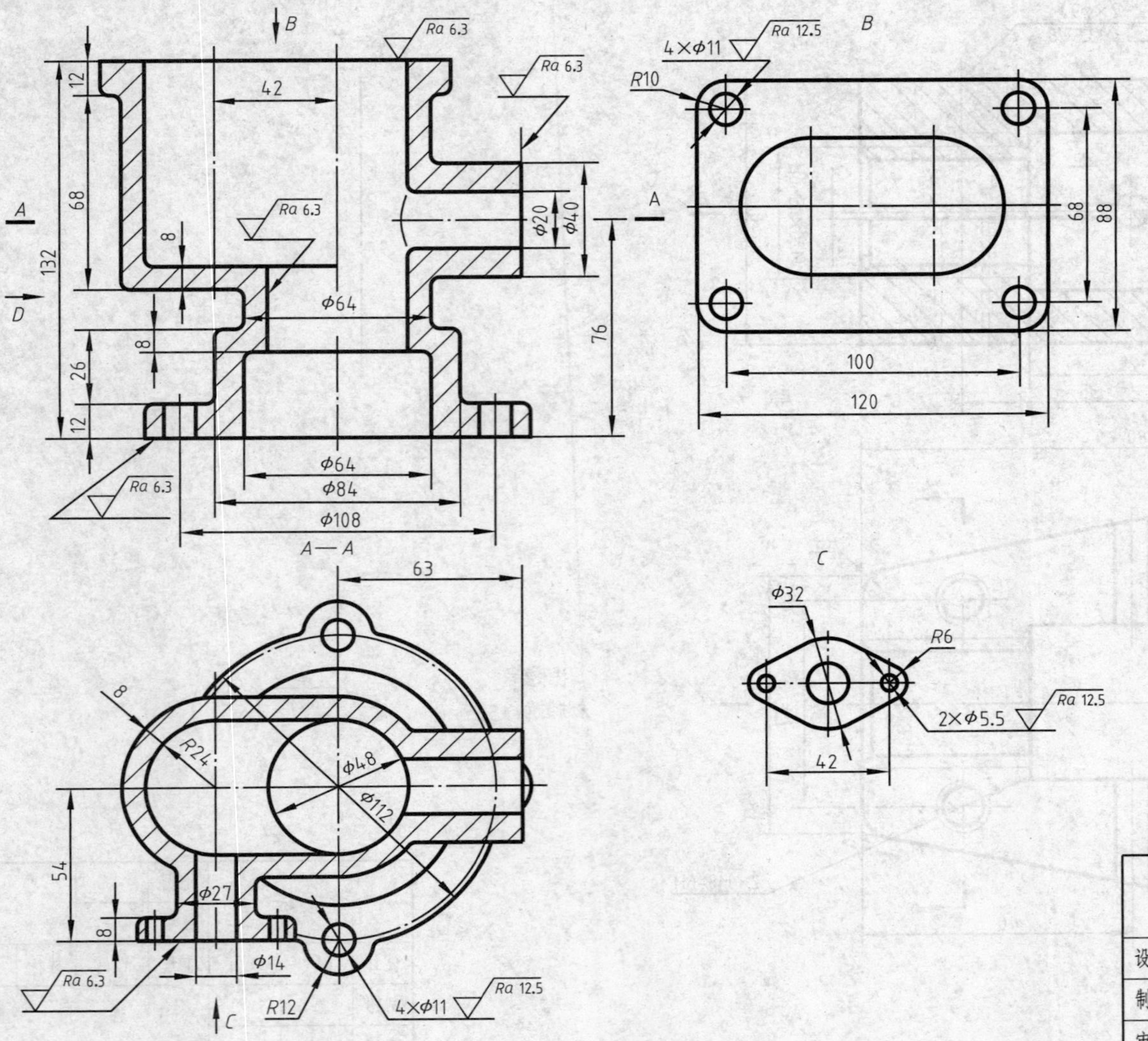

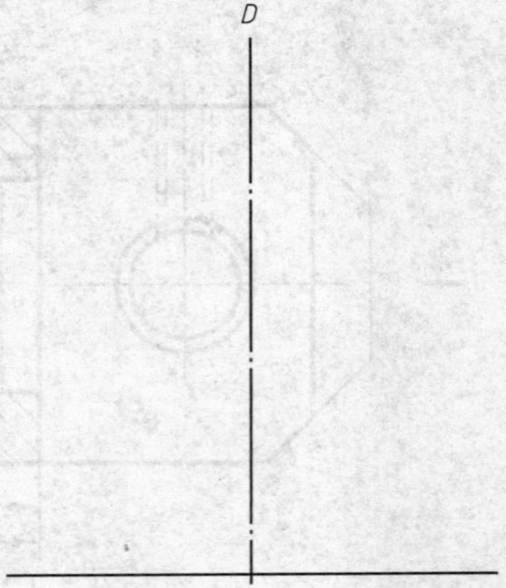

技术要求

1.未注圆角R3。

2.铸件不能有气孔、裂纹等缺陷。

√(√)

底座		比例	1:2.5		
		数量	1		
设计		重量		材料	HT150
制图					
审核					

第 15 章　装　配　图

15-1　由零件图画装配图

班级　　　　　姓名

1. 根据装配示意图和零件图画出千斤顶的装配图。

说明：

千斤顶是升降重物的一种手动工具，通过扳动铰杠，转动螺旋杆，达到顶起或降落重物的目的。

右图为千斤顶的装配示意图。

作业要求：

根据千斤顶的装配示意图、零件图，在 A3 图纸上用 1:1 的比例画出其装配图。

零件目录如下：

序号	零件名称	数量	材料	附注及标准
1	底座			
2	螺套			
3	螺旋杆			
4	铰杠			
5	螺钉			
6	顶垫			
7	螺钉			

千斤顶示意图

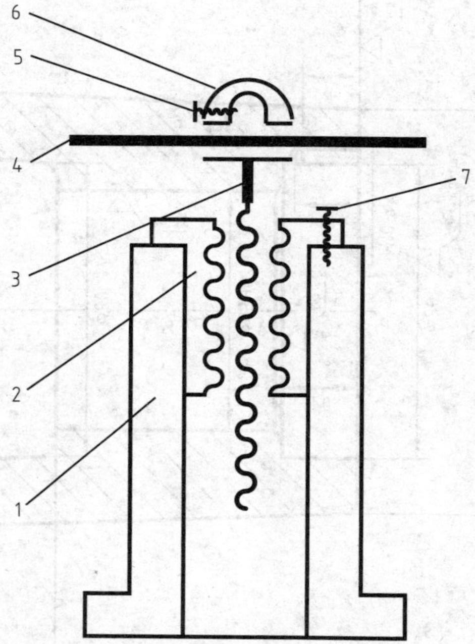

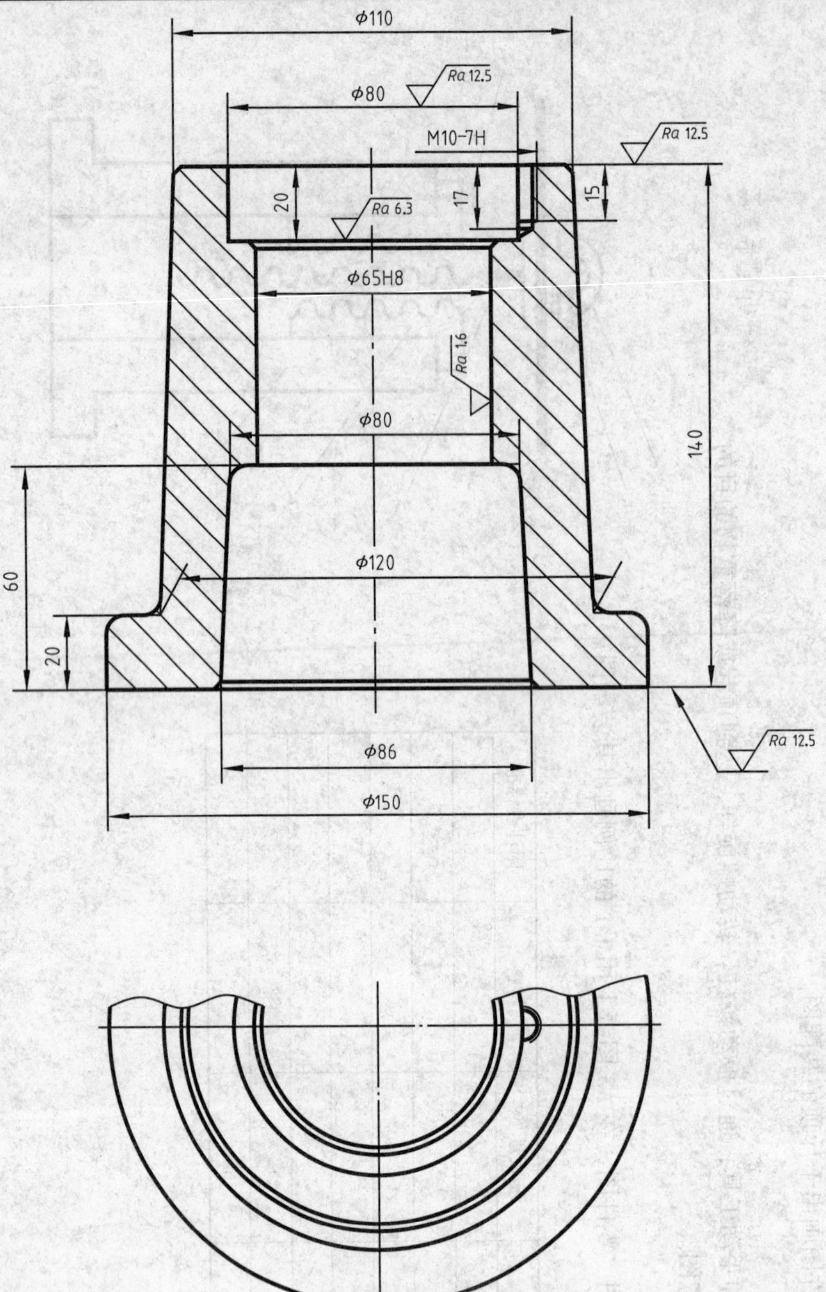

技术要求

1. 铸件不得有砂眼、缩孔。
2. 未注倒角 C2。
3. 未注圆角 R5。

底座	序号	1	比例	1:2
	数量	1	材料	HT200

班级　　姓名

班级　　　　姓名

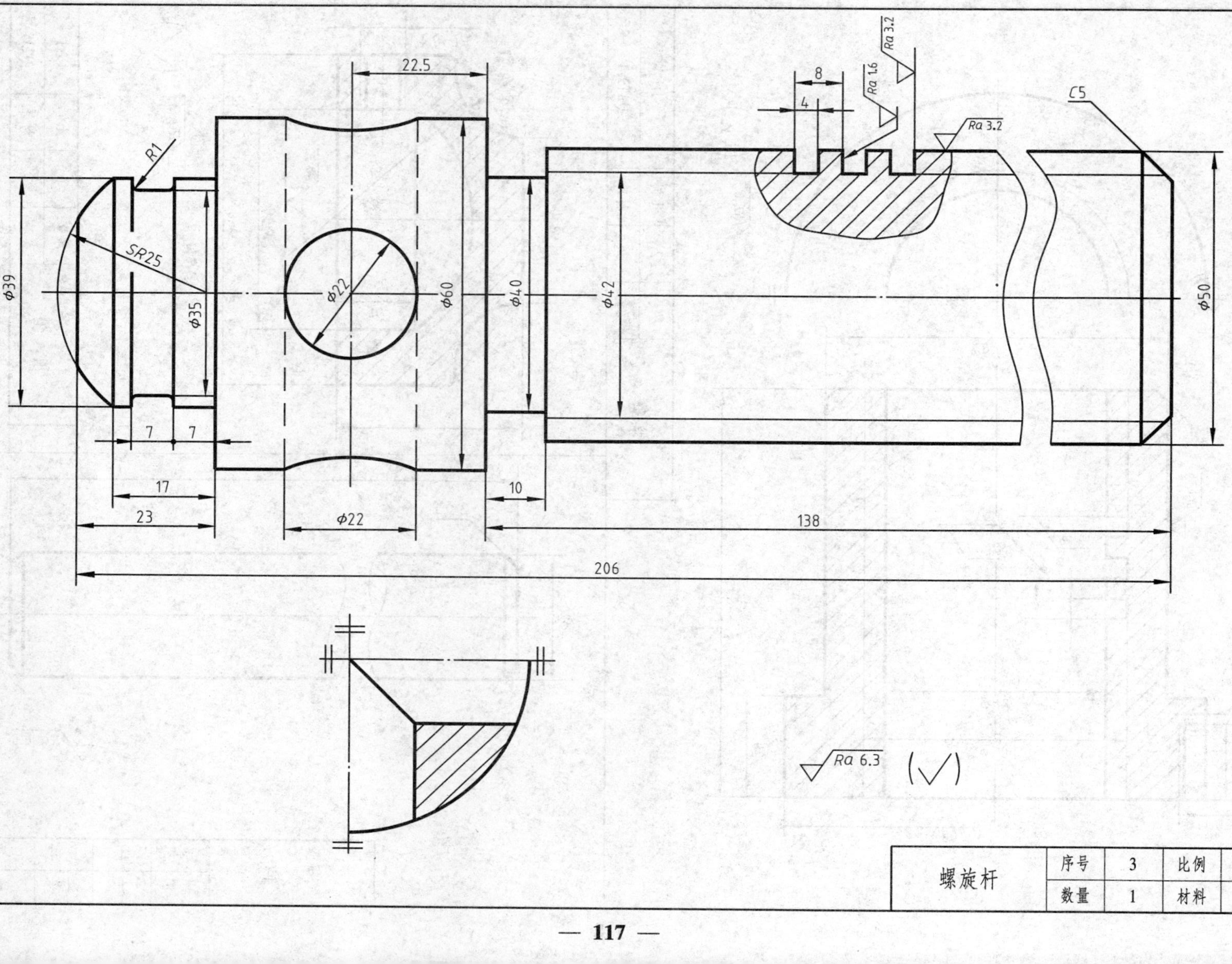

螺旋杆	序号	3	比例	1:1
	数量	1	材料	Q255

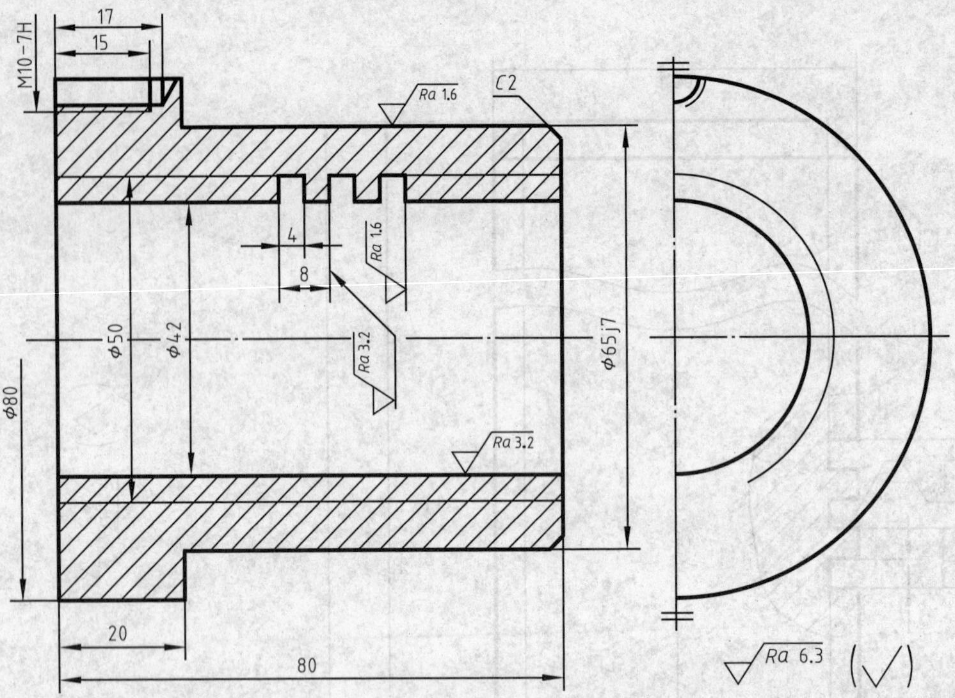

螺套	序号	2	比例	1:1
	数量	1	材料	QAT9-4

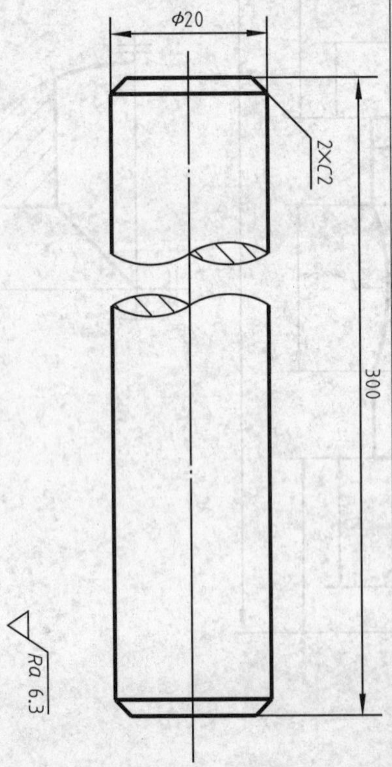

铰杠	序号	4	比例	1:1
	数量	1	材料	Q235

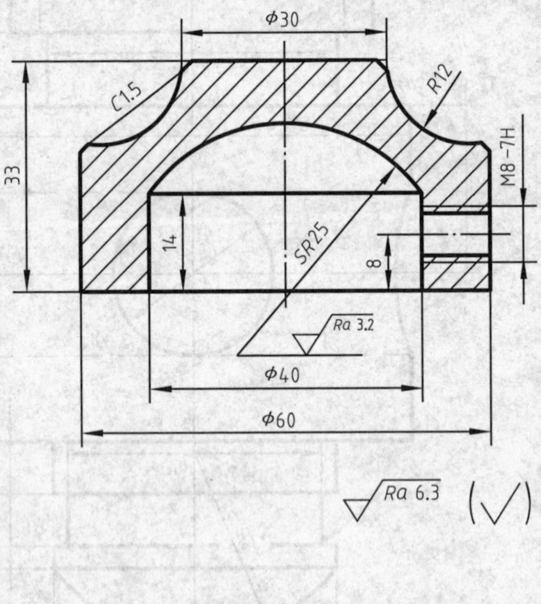

顶 垫	序号	6	比例	1:1
	数量	1	材料	Q235

零件5 螺钉 M8×12 GB/T 75—1985

零件7 螺钉 M10×12 GB/T 73—1985

班级

姓名

2. 根据液压缸的装配示意图和零件图，画出液压缸的装配图。

说明：

右下图为某磨床上液压缸的装配示意图。该机构的零件图见第 120 页至第 123 页。本机构的工作原理是：当活塞 4 处在缸体 3 最左端时，液压油从油口 A 进入，经过孔 C、D 推动单向阀（由钢球及弹簧 6 组成）经过孔 E，进入液压缸的左腔 F 后推动活塞 4 向右移动；同时缸体右腔内的油液从油口 B 排出，与此同时，后盖 5 中的单向阀关闭。当活塞向右移动接近最右端时，缸体右端回油腔 G 内的残留油液经过活塞外圆端部的轴向三角沟槽 H 中流出，使油液得到节流，从而起到缓冲作用。反之，当液压油从油口 B 进入缸体时，活塞则获得与上述相反的左向运动。

液压缸的前盖 2 是用六个螺钉 M8 ×30 和两个圆锥销 A8 ×50 与缸体 3 联接在一起的，后盖是用六个螺钉 M8 ×25 与缸体 3 联接在一起的。整个缸体又是通过四个螺钉孔 4 ×ϕ11 和圆锥销孔 ϕ8 与磨床固定在一起的。

作业要求：

根据液压缸的装配示意图、液压缸的工作原理、结构说明以及液压缸的零件图，在 A2 图纸上用 1:1 的比例或在 A3 图纸上用 1:1.5 的比例画出其装配图。

提示：

在画装配图时，经常将运动机构画在其运动的极限位置。为此，本例也应将活塞画在最右面，即活塞 4 的右端面应与后盖 5 的左端面重合。

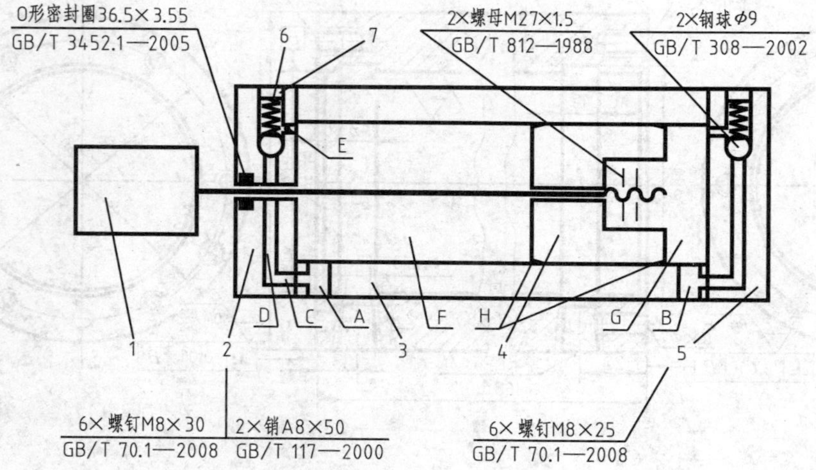

班级　　　　姓名

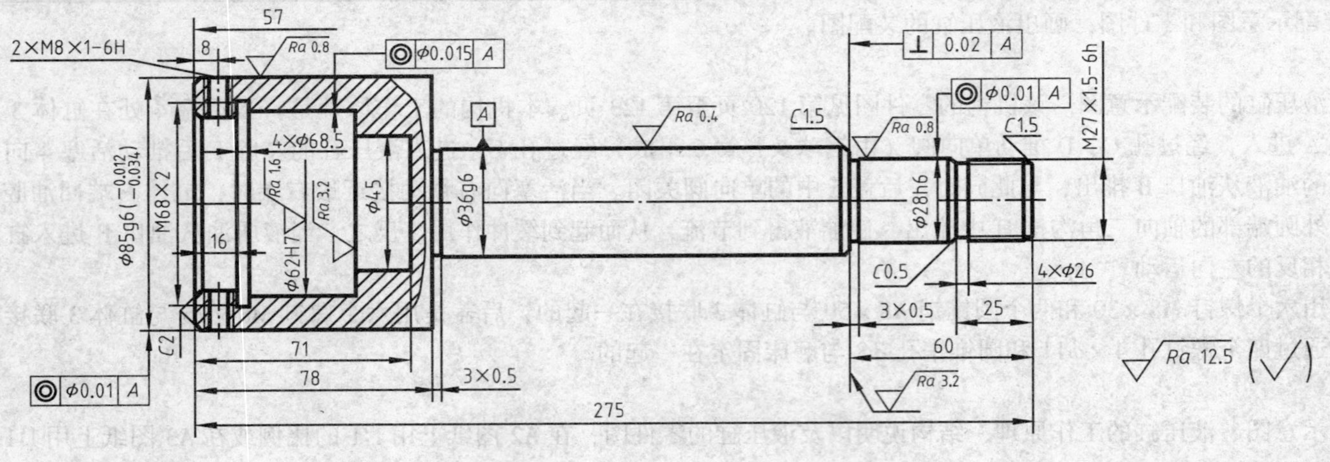

活塞杆	序号	1	比例	1:2
	数量	1	材料	Q235

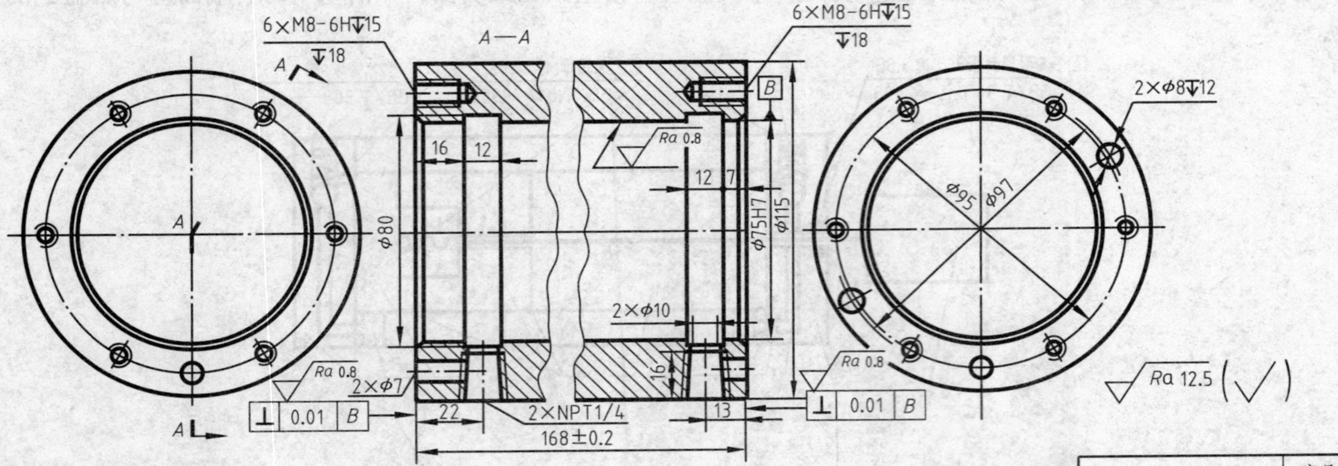

技术要求

1. 铸件不准有砂眼、缩孔。
2. 未注倒角 C2。

缸　体	序号	3	比例	1:2
	数量	1	材料	HT200

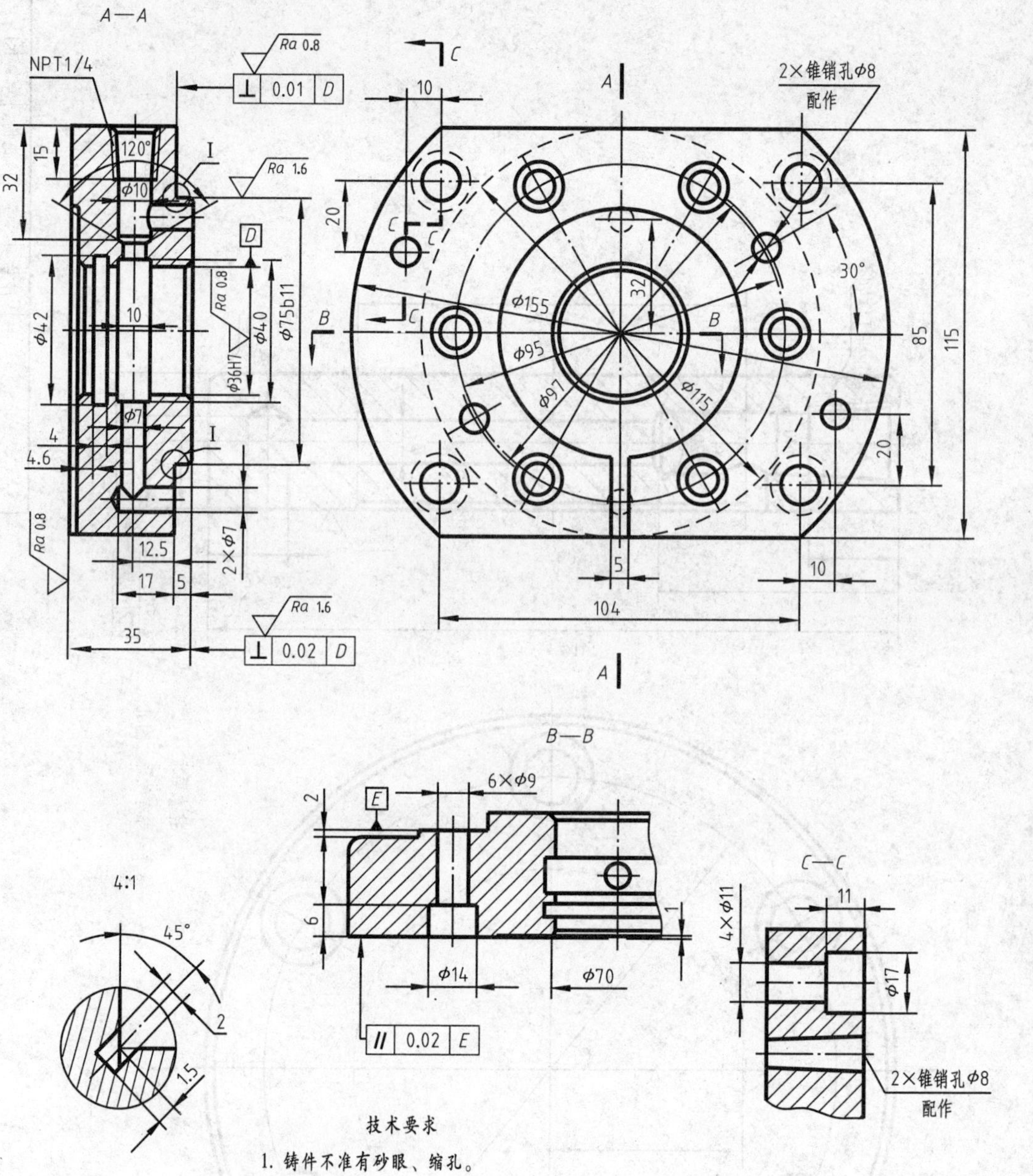

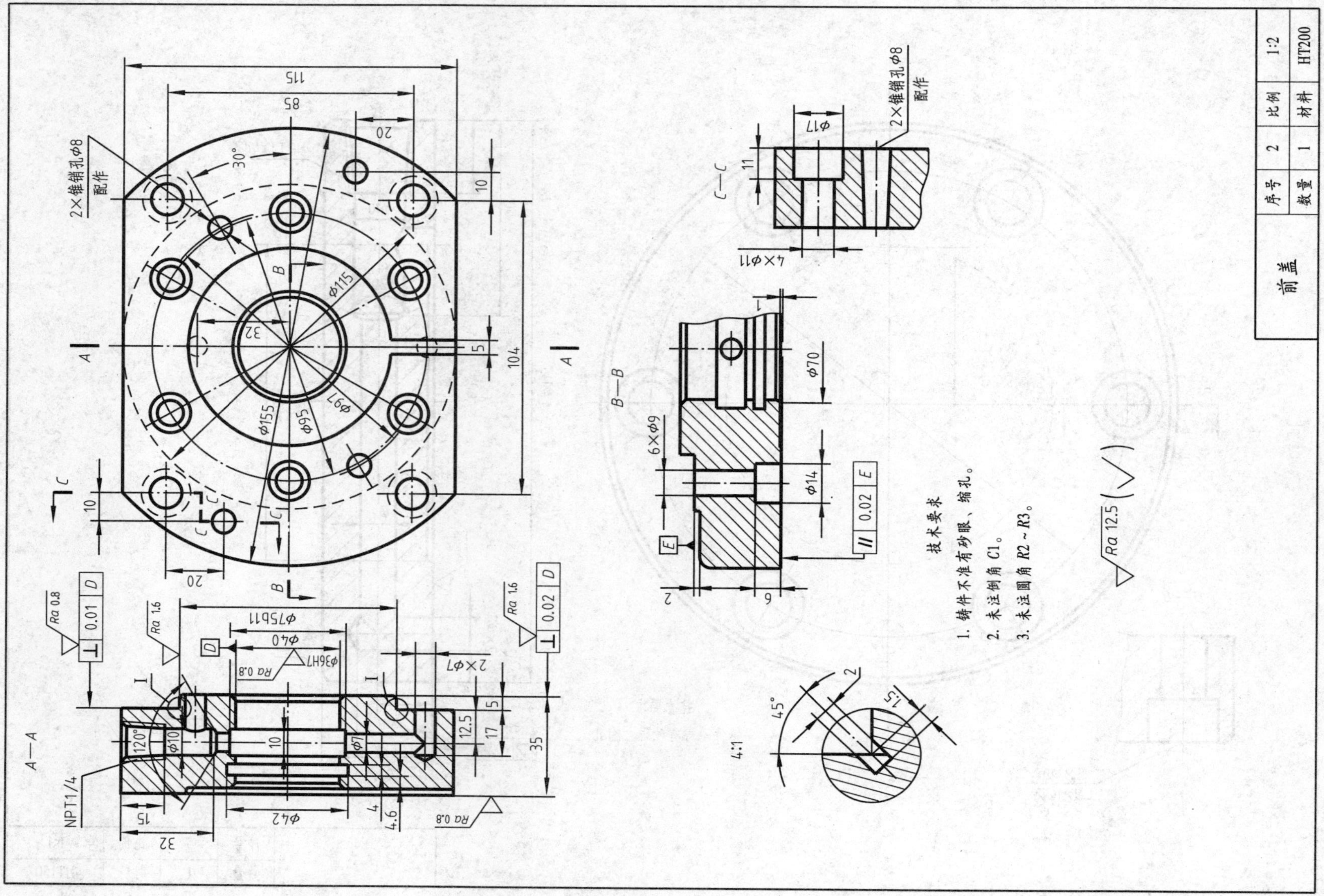

技术要求

1. 铸件不准有砂眼、缩孔。
2. 未注倒角 C1。
3. 未注圆角 R2 ~ R3。

Ra 12.5 (√)

班级

姓名

前盖	序号	2	比例	1:2
	数量	1	材料	HT200

班级　　　　姓名

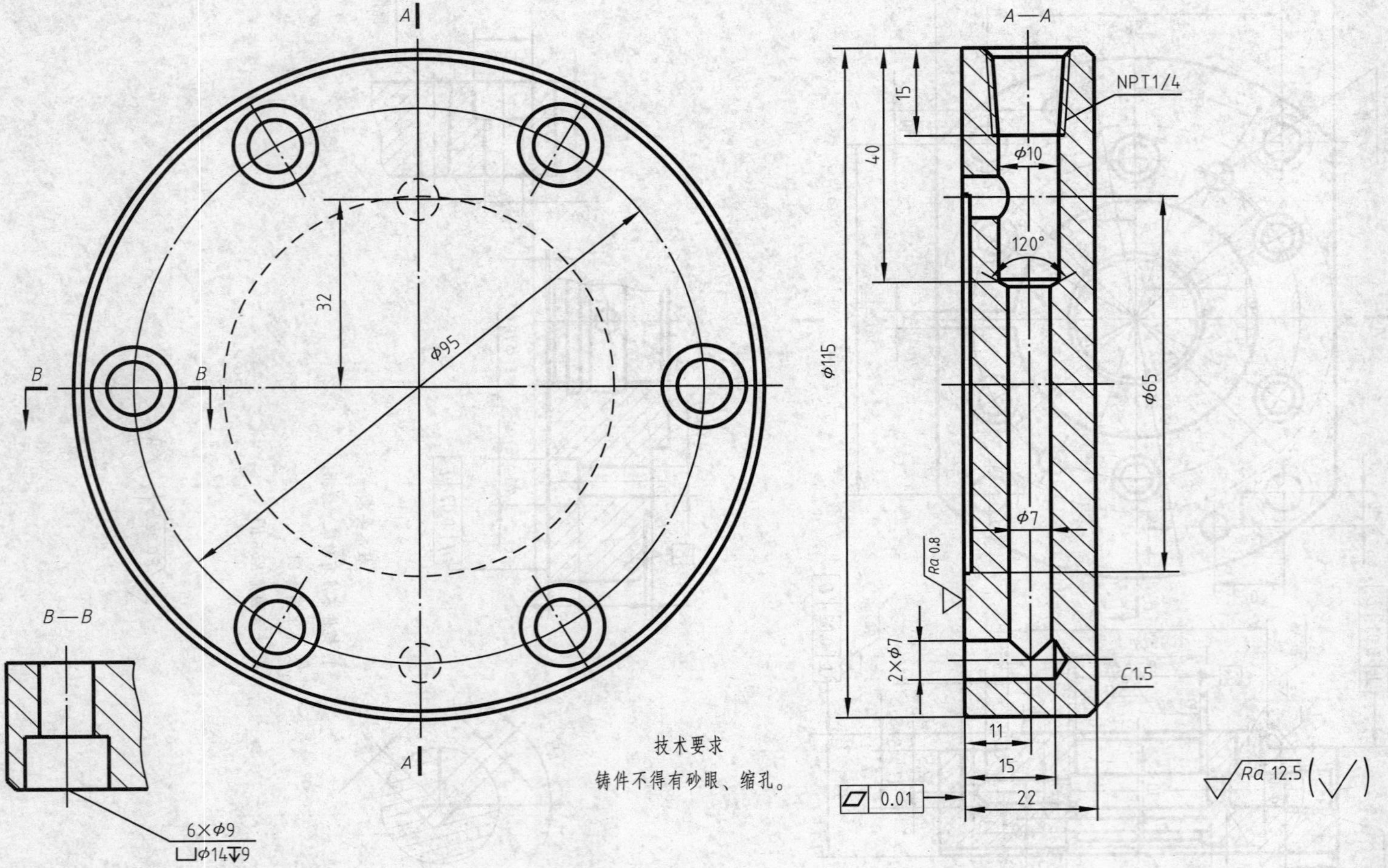

技术要求

铸件不得有砂眼、缩孔。

后　盖	序号	5	比例	1:1
	数量	1	材料	HT150

班级　　　　姓名

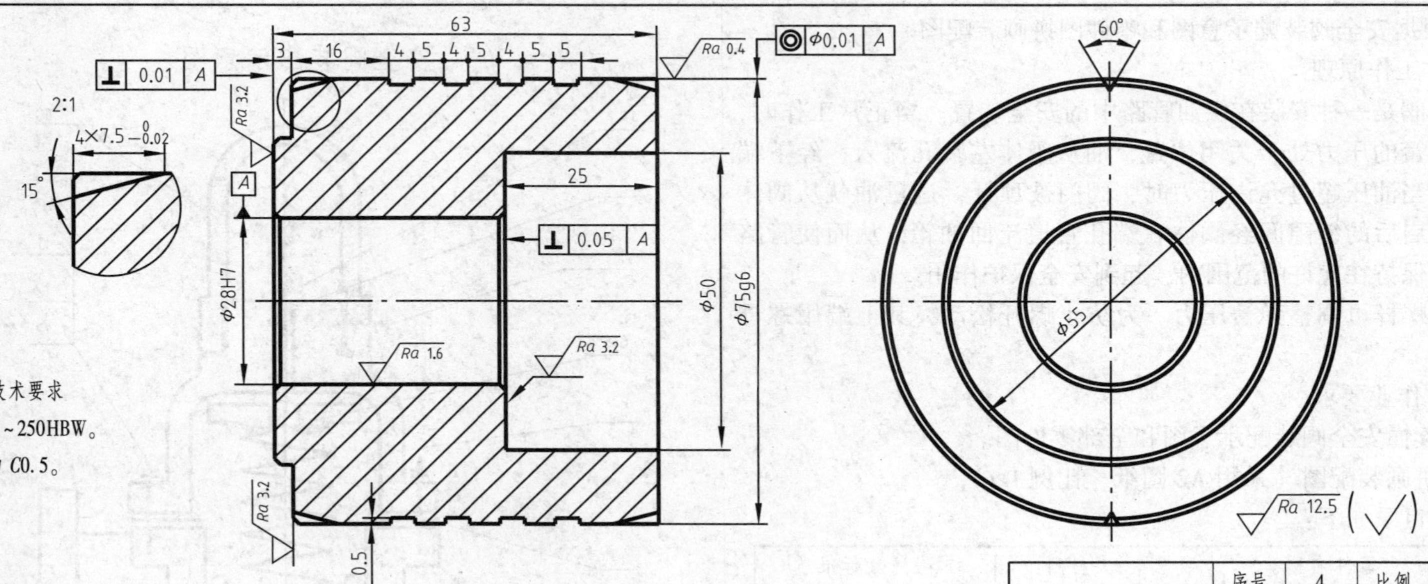

技术要求

1. 调质 220 ~ 250HBW。
2. 倒角均为 C0.5。

活　塞	序号	4	比例	1:1
	数量	1	材料	Q235

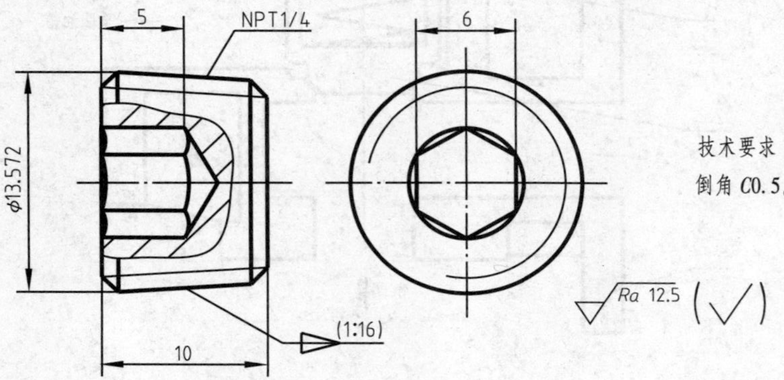

技术要求

倒角 C0.5。

螺　塞	序号	7	比例	2:1
	数量	2	材料	Q235

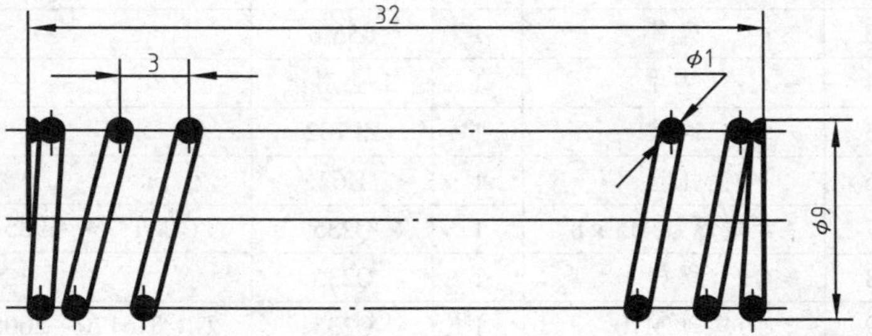

有效圈数 $n=10$

总圈数 $n_1=12.5$

展开长度 $L=316$

右旋

弹　簧	序号	6	比例	2:1
	数量	2	材料	碳素弹簧钢

3. 根据安全阀装配示意图和零件图拼画装配图。

（1）工作原理

安全阀是一种安装在供油管路中的安全装置。当正常工作时，阀门靠弹簧的压力处于关闭位置，油从阀体左端孔流入，经下端孔流出。当油压超过允许压力时，阀门被顶开，过量油就从阀体和阀门开启后的缝隙间经阀体右端孔管道流回油箱，从而使管路中的油压保持在允许的范围内，起到安全保护作用。

调整螺杆可调整弹簧压力。为防止螺杆松动，其上端用螺母锁紧。

（2）作业要求

1）读懂安全阀装配示意图和全部零件图。

2）拼画装配图（采用 A2 图纸，比例 1:1）。

零件目录如下：

序号	零件名称	数量	材料	附注及标准
1	阀体	1	ZL102	
2	阀门	1	H62	
3	弹簧	1	65Mn	
4	垫片	1	工业用纸	
5	阀盖	1	ZL102	
6	托盘	1	H62	
7	紧定螺钉 M5 × 8	1	Q235	GB/T 75—1985
8	螺杆	1	Q235	
9	螺母 M10	1	Q235	GB/T 6170—2000
10	阀帽	1	ZL102	
11	螺母 M6	4	Q235	GB/T 6170—2000
12	垫圈 6	4	Q235	GB/T 97. 1—2002
13	螺柱 M6 × 16	4	Q235	GB/T 899—1988

安全阀装配示意图

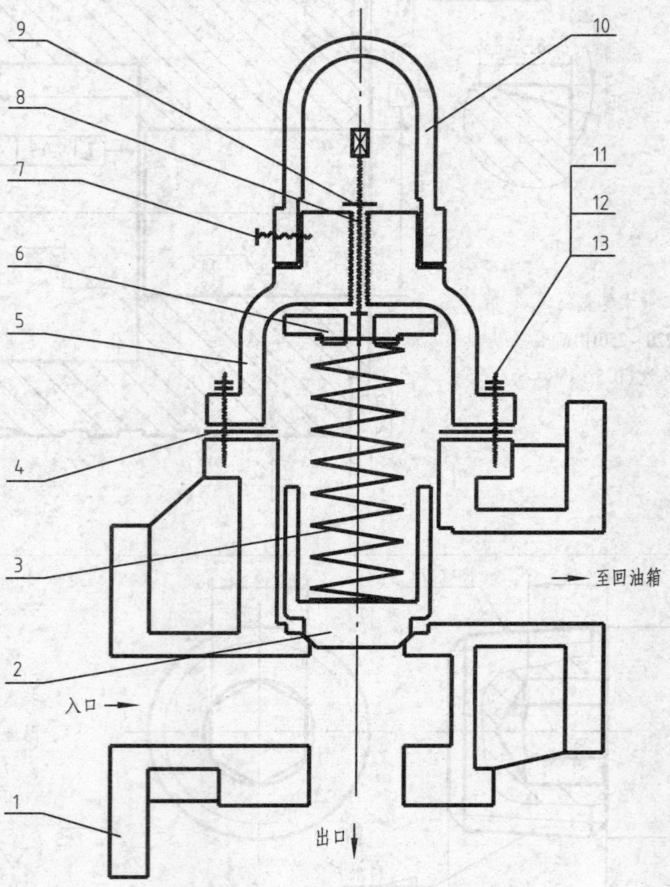

班级　　　　姓名

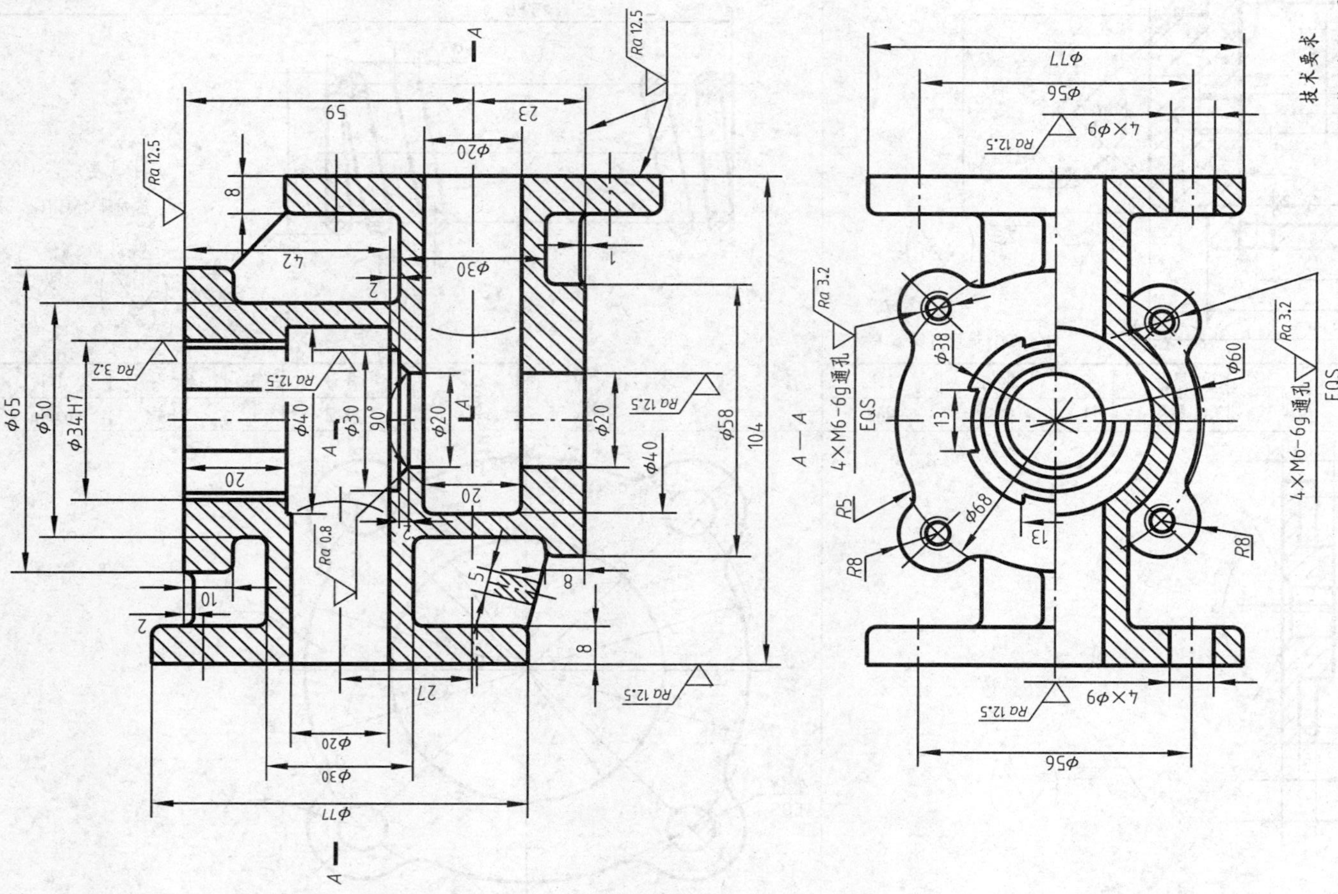

技术要求

1. 90°锥面与阀门零件对研。
2. 未注圆角 R2。
3. 非机械加工表面喷绿色油漆。

阀体	序号	1	比例	1:1.5
	数量	1	材料	ZL102

班级　　　　姓名

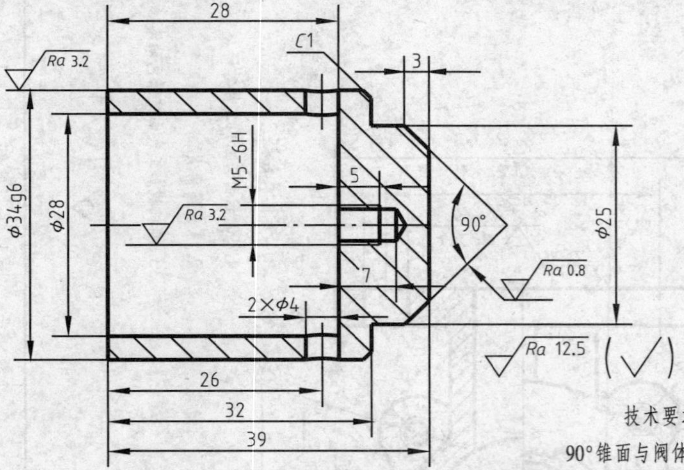

技术要求

90°锥面与阀体1对研。

阀门	序号	2	比例	1:1
	数量	1	材料	H62

展开长度	548
旋向	右旋
有效圈数	$n=7$
总圈数	$n_1=8.5$

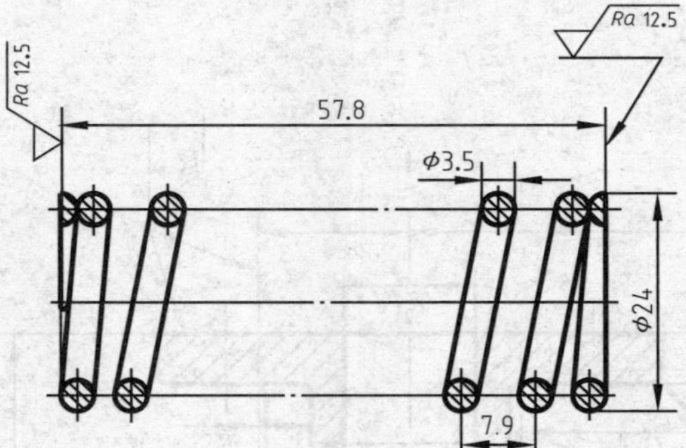

技术要求

热处理45HRC。

(√)

弹簧	序号	3	比例	1:1
	数量	1	材料	65Mn

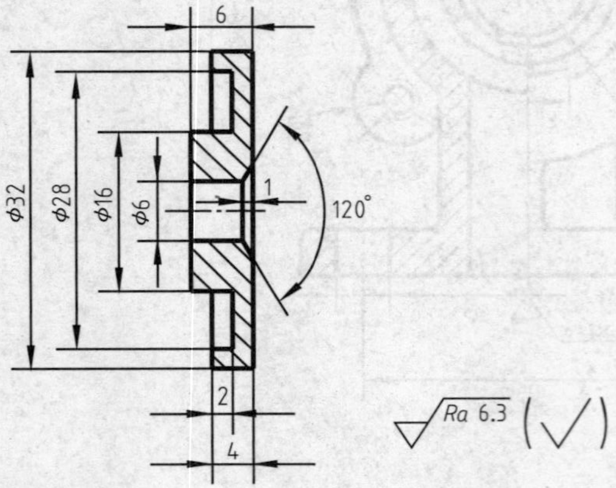

托盘	序号	6	比例	1:1
	数量	1	材料	H62

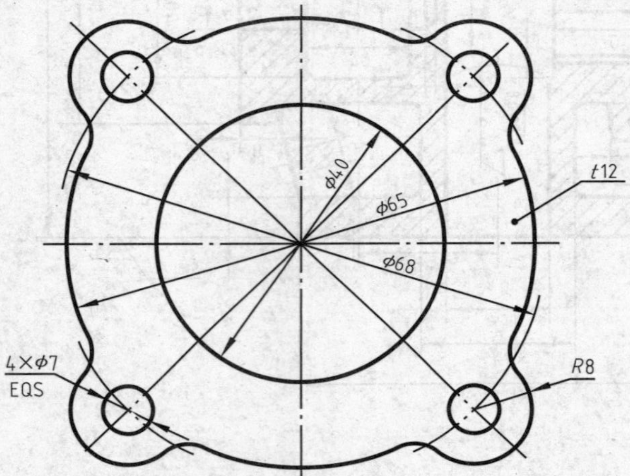

技术要求

未注圆角R5。

垫片	序号	4	比例	1:1
	数量	1	材料	工业用纸

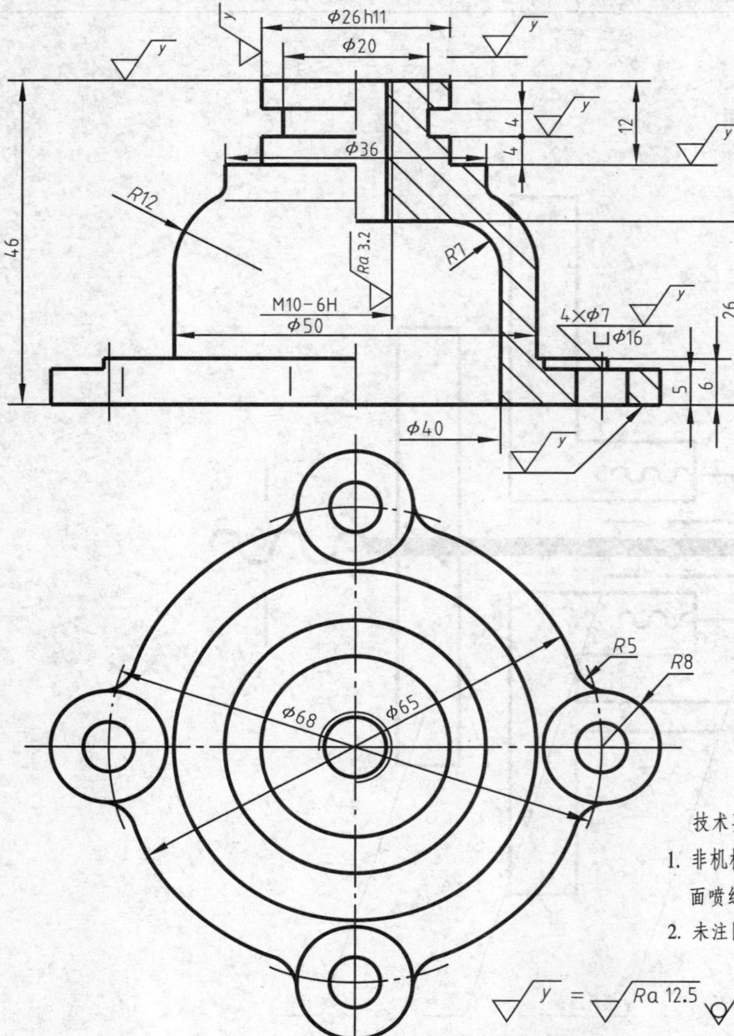

技术要求

1. 非机械加工表面喷绿色油漆。
2. 未注圆角 *R*2。

$\sqrt{y} = \sqrt{Ra\ 12.5}$ ⌀√ (√)

阀盖	序号	5	比例	1:1
	数量	1	材料	ZL102

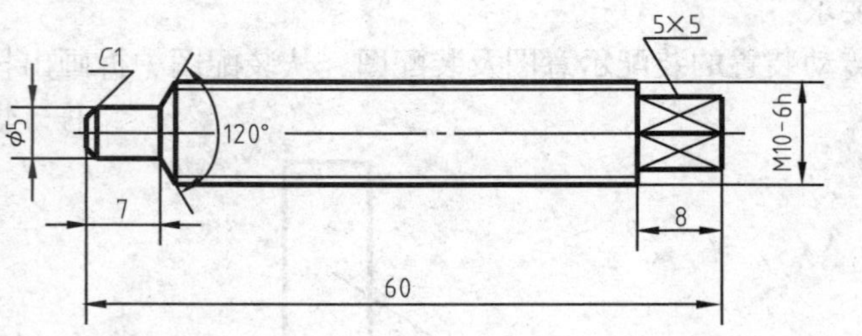

$\sqrt{Ra\ 6.3}$ (√)

螺杆	序号	8	比例	1:1
	数量	1	材料	Q235

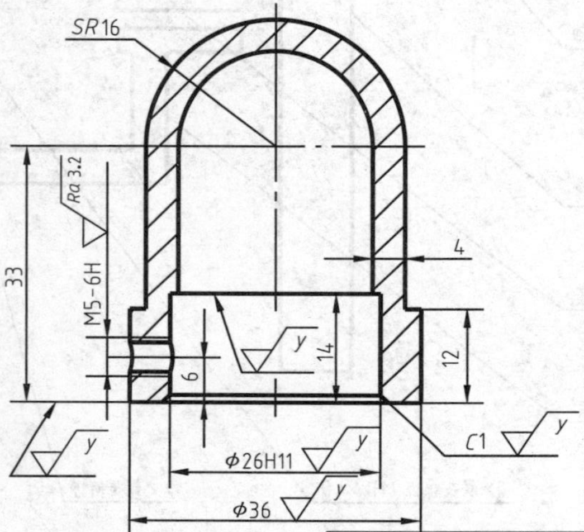

技术要求

1. 非机械加工表面喷绿色油漆。
2. 未注圆角 *R*2。

$\sqrt{y} = \sqrt{Ra\ 12.5}$ ⌀√ (√)

阀帽	序号	10	比例	1:1
	数量	1	材料	ZL102

4. 由装配图画零件图

作业要求：

根据传动装置的装配示意图及装配图，从装配图中拆画出托架的零件图。

传动装置装配示意图

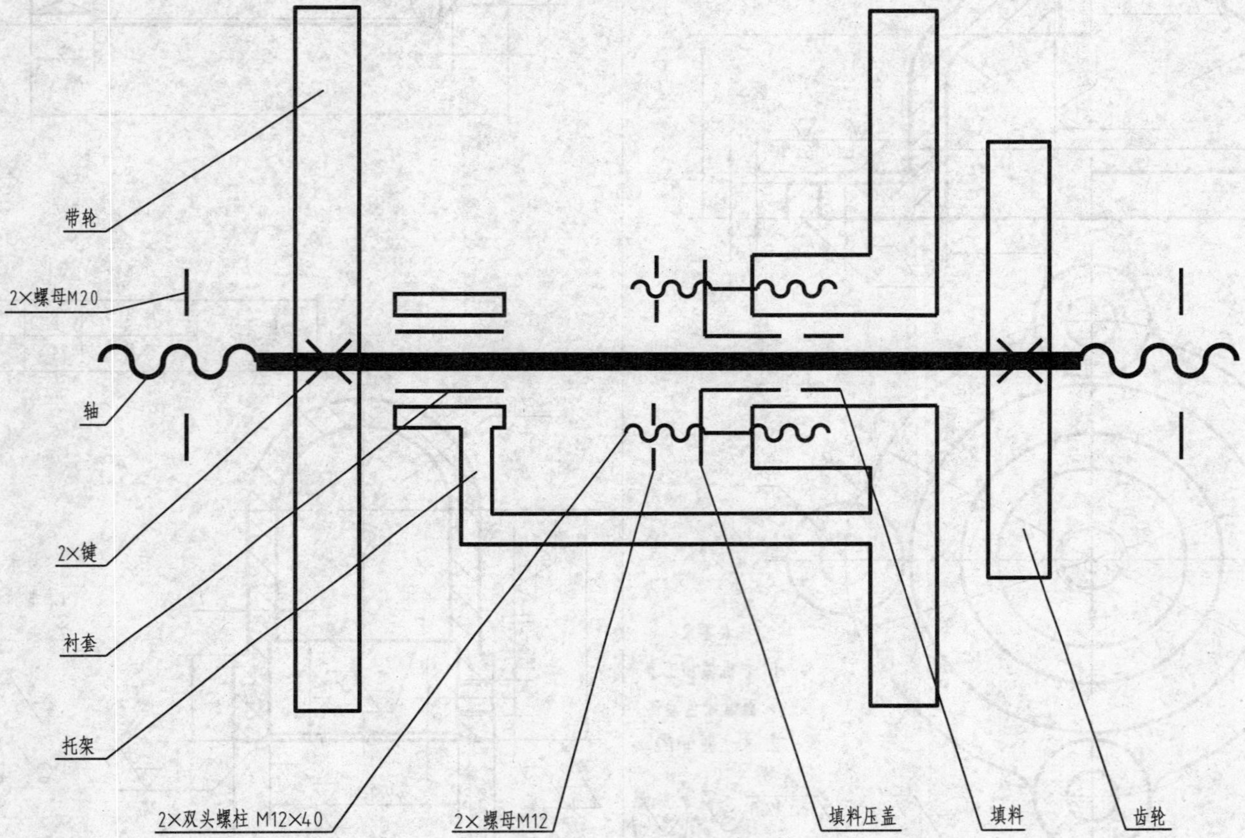

班级　　　　姓名

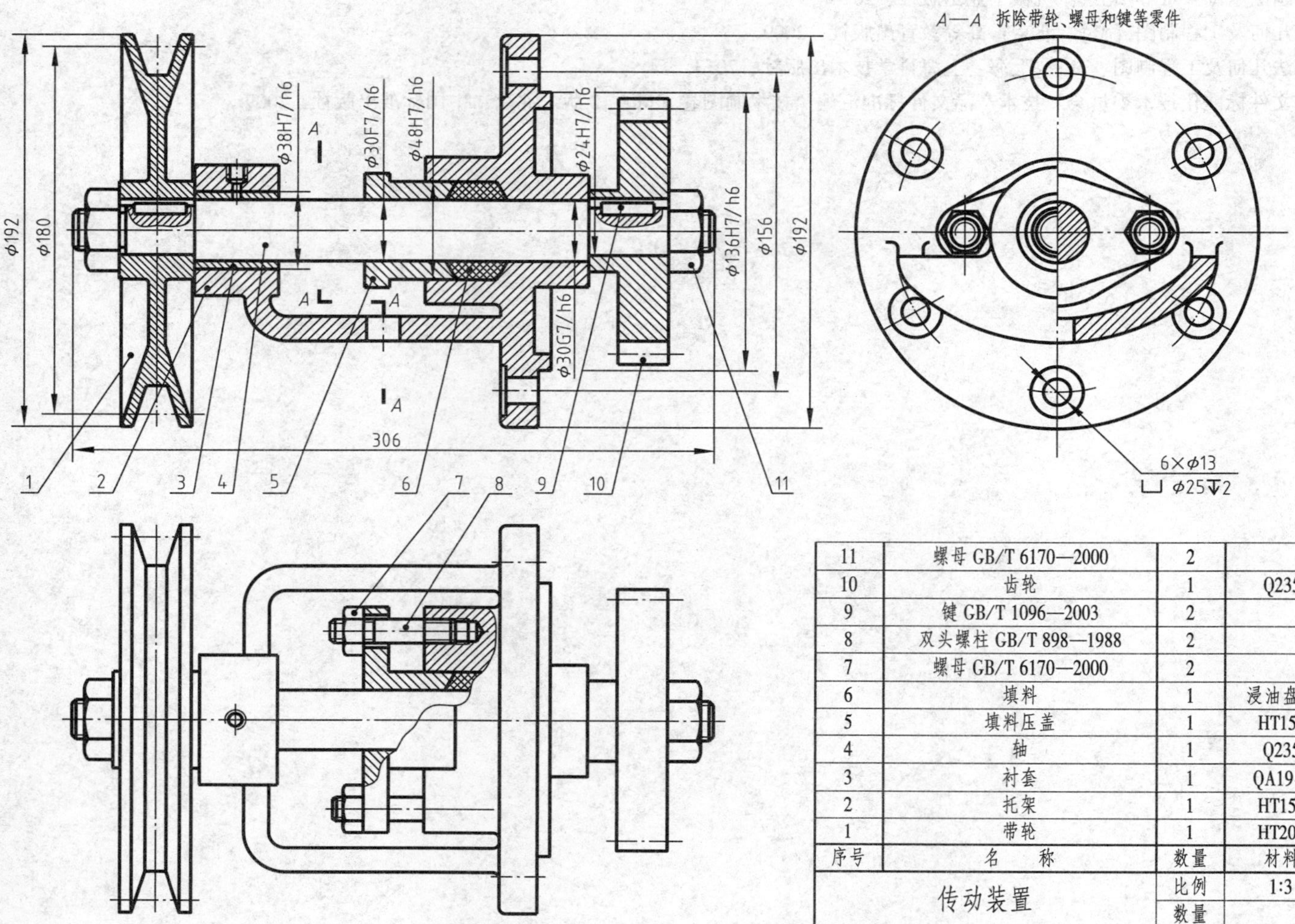

11	螺母 GB/T 6170—2000	2		M20
10	齿轮	1	Q235	$m=4$，$z=30$
9	键 GB/T 1096—2003	2		
8	双头螺柱 GB/T 898—1988	2		M12×40
7	螺母 GB/T 6170—2000	2		M12
6	填料	1	浸油盘根	
5	填料压盖	1	HT150	
4	轴	1	Q235	
3	衬套	1	QA19-4	
2	托架	1	HT150	
1	带轮	1	HT200	
序号	名　称	数量	材料	备　注

传动装置		比例	1:3	
		数量		
设计		重量		共　张第　张
制图				
审核				

参考文献

[1] 王一军. 工程制图基础 [M]. 北京：机械工业出版社，2014.

[2] 许睦旬. 画法几何及工程制图 [M]. 北京：高等教育出版社，2009.

[3] 东华大学. 画法几何及工程制图 [M]. 上海：上海科学技术出版社，2013.

[4] 全国技术产品文件标准化技术委员会. 技术产品文件标准汇编　技术制图卷 [M]. 2 版. 北京：中国标准出版社，2009.